省部级示范性高等职业院校建设规划教材
建筑装饰专业理实一体化特色教材

居住空间设计

主　编　卢　燕　潘　潺　权　凤
副主编　高小勇　潘　霞　刘　鹏
主　审　吴　彪

黄河水利出版社
·郑州·

内容提要

本书是省部级示范性高等职业院校建设规划教材、建筑装饰专业理实一体化特色教材，是重庆地方高水平大学理实一体化项目建设系列教材之一，根据高职高专教育室内陈设设计课程标准及理实一体化教学要求编写完成。本书主要内容包括居住空间设计的概念及要求、居住空间设计的要素及案例、室内设计的风格。

本书可供环境艺术设计专业、室内设计专业、建筑装饰施工技术专业教学使用，也可供土建类相关专业及从事建筑装饰专业的技术人员学习参考。

图书在版编目（CIP）数据

居住空间设计／卢燕，潘潺，权凤主编．—郑州：黄河水利出版社，2018.5

省部级示范性高等职业院校建设规划教材．建筑装饰专业理实一体化特色教材

ISBN 978－7－5509－2020－0

Ⅰ.①居…　Ⅱ.①卢…　②潘…　③权…　Ⅲ.住宅-室内装饰设计-高等职业教育-教材　Ⅳ.①TU241

中国版本图书馆CIP数据核字（2018）第085436号

组稿编辑：简　群　电话：0371-66026749　E-mail：931945687@qq.com
田丽萍　66025553　912810592@qq.com

出版社：黄河水利出版社　网址：www.yrcp.com
地址：河南省郑州市顺河路黄委会综合楼14层　邮编：450003

发行单位：黄河水利出版社
发行部电话：0371－66026940、66020550、66028024、66022620（传真）
E-mail：hhslcbs@126.com

承印单位：虎彩印艺股份有限公司

开本：787 mm×1 092 mm　1／16

印张：8

字数：180千字

版次：2018年5月第1版　印次：2018年5月第1次印刷

定价：32.00元

前言

本书是根据高职高专教育建筑装饰专业人才培养方案和课程建设目标，并结合重庆地方高水平大学立项建设项目的建设要求进行编写的。

本套教材在编写过程中，充分汲取了高等职业教育探索培养技术应用型专门人才方面取得的成功经验和研究成果，编写得更符合高职学生培养的特点；教材内容体系上坚持“以够用为度，以实用为主，注重实践，强化训练，利于发展”的理念，淡化理论，突出技能培养这一主线；教材内容组织上兼顾“理实一体化”教学的要求，将理论教学和实践教学进行有机结合，便于教学组织实施；注重课程内容与现行规范和职业标准的对接，及时引入行业新技术、新材料、新设备、新工艺，注重教材内容设置的新颖性、实用性、可操作性。

高等职业教育从高等教育的一个层次，被擢升为一个教育类型，显示出政府决策深邃的战略智慧，同时也宣告着高等职业教育蓬勃发展的春天。春天播下的种子经受住大自然的考验，必然成长为大树。

既然是一种类型，就必须有作为“类型”的理由，从理论、目标、模式、内容、方法到评价，本书正是基于这样的类型，以培养会设计、懂施工的高技能型人才为目标，力求凸显以下特色：

其一，基于完整的工作过程。以岗位工作过程为主线，贯穿于教材的始终。学生在掌握每个环节性技能的同时，对整个过程了然于心，从系统的角度提高学生把握整体工程的能力。

其二，以项目引领学习的过程。以一个或数个典型的设计项目作为课程的载体，学习的过程就是完成项目的过程，学习的成果就是项目完成的成果。把理论知识和操作方法融入教学的全过程，保持理论和实践的一体化。

其三，任务导向与活动推进。一个项目分解为若干任务，每个任务由系列活动组成，使学生在做中学，教师在做中教，形成“教、学、做”一体化。学生完成从简单到复杂的一个个任务、通关式体验，在这个过程中，获得看得见、摸得着的成就感，始终保持高昂的学习热情。

其四，职业性和高等性并重。意在保持教材工学结合的职业特性，又以历史、美学、原理适时导入，体现教材的高等性。

为有效使用本教材、提升人才培养质量，提出以下建议：

（1）在课堂上模拟真实岗位工作情景。

（2）确保学生主体、教师引导。

（3）为学生设立真正有效的激励目标。

（4）请社会设计师参与评价学生作业。

本书由重庆水利电力职业技术学院承担编写工作，编写人员及编写分工如下：由卢燕、潘潺、权凤担任主编，卢燕负责全书统稿；由高小勇、潘霞、刘鹏担任副主编；由吴彪担任主审。刘亚伟、杨旭、陈芳兰、朱玲曦、张倩文、林旭等参与编写。

在本书的编写过程中，王正明和朱达黄给予了很多指导，特此致敬！本书中的图片未写明拍摄者或者绘制人员的均来自于网络，在此对图片作者表示感谢！本书的编写出版得到了重庆水利电力职业技术学院各级领导、市政工程系领导及专业老师，以及黄河水利出版社的大力支持，还得到重庆水利电力职业技术学院2015级装饰专业学生马星、2016级装饰专业部分学生的支持和帮助，在此一并表示衷心的感谢！

由于编者水平有限，书中难免存在错漏和不足之处，恳请广大师生及专家、读者批评指正。

编　者

2018年3月

目录

项目一　课程引入

任务一　居住空间设计的概念

一、学习目标

内容	目标
空间概念	了解
居住空间概念	熟悉
居住空间设计	熟悉

二、任务分析

该任务属于概念性内容，多查阅图片和文字及视频资料便于记忆。

三、相关知识

（一）居住空间的概念

1. 空间

空间是指一种三维的领域，这种领域依靠界面或围合性元素而存在。

2. 居住空间

居住空间是由界面围合而成，供人类生活的领域。

（二）居住空间设计

随着人类社会的发展，为了更好地满足居住的功能需求和精神需求，对居住的空间进行改造和装饰，使其更加舒适美观。

四、拓展知识

居住空间的发展与演变介绍如下。

（一）原始社会居住空间

（1）穴居，如图1–1、图1–2所示。

图1-1　山洞穴居

图1-2　半穴居

穴居的演变过程，如图1-3所示。

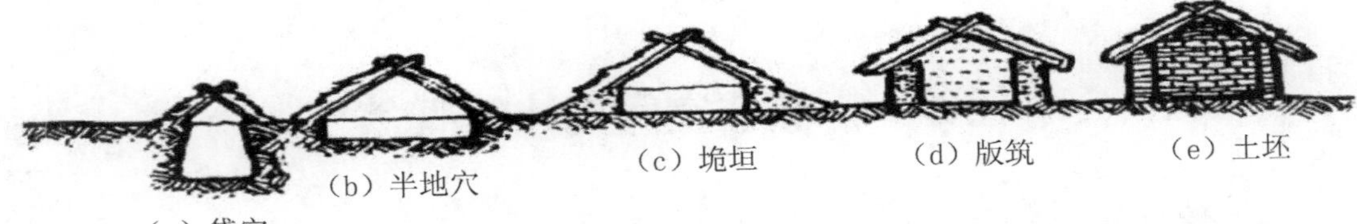

图1-3　穴居的演变过程

（2）巢居。巢居的演变如图1-4所示。

图1-4　巢居的演变

（二）奴隶社会居住建筑样式

我国传统建筑的抬梁、穿斗和井干式三种主要大木构架体系都已出现并趋于成熟，如图1-5所示。

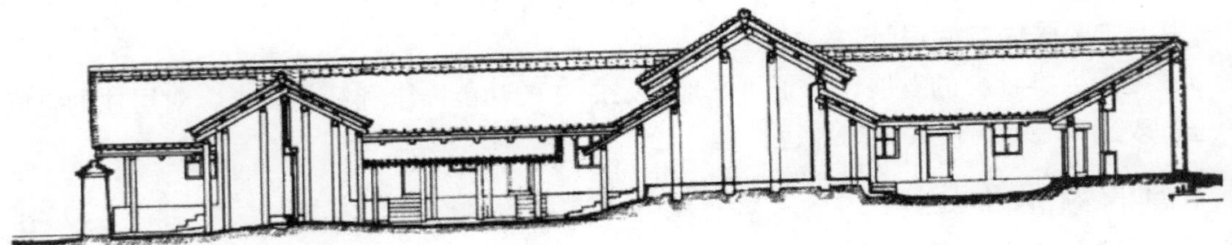

图1-5　陕西岐山凤雏村西周建筑遗址纵剖面图

与之相适应的各种平面布局和外部造型亦基本完备，我国古代建筑作为一个独特的体系在汉朝已基本形成。西周时，相当严谨的四合院已经形成，如图1–6所示。

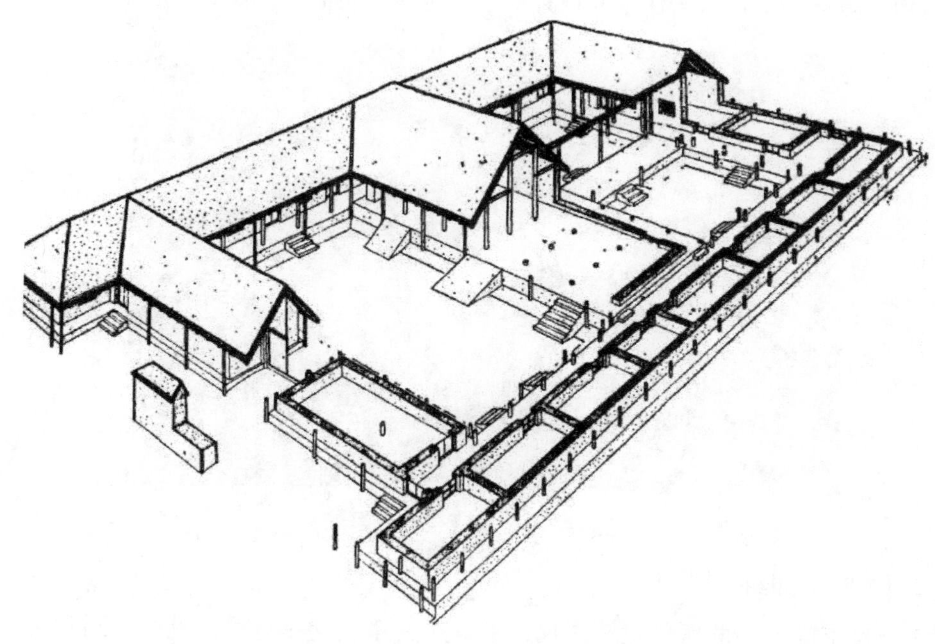

图1–6　陕西岐山凤雏村甲组建筑复原图

（三）社会主义社会居住建筑

1．社会主义社会初期民居建筑

社会主义社会初期，随着经济的发展，不同地域的民居建筑形成自己的特色，多以木质和土质建筑为主，如图1–7所示。

图1–7　贵州雷山西江苗寨

2. 现代社会居住建筑

随着经济的不断发展，现代社会的居住建筑多为钢筋水泥混凝土建筑，人们对居住空间的使用和美化需求（即居住空间设计要求）也越来越高，如图1-8所示。

图1-8 重庆现代建筑群

五、作业与训练

收集大量不同时期的居住建筑图片，了解人类建筑发展历程，了解不同时期居住空间装饰特色。

六、思考与拓展

思考人类建筑发展历程对室内居住空间设计的影响。

任务二 课程的性质及要求

一、学习目标

内容	目标
课程性质	了解
课程要求	熟悉
先修课程	熟悉
先修课程与现授课程的区别	掌握

二、任务分析

该任务主要是为了理清该课程和先修课程的关系，为课程学习做好相应的准备。

三、相关知识

（一）居住空间课程的性质及要求

居住空间是建筑装饰施工技术专业的核心课程之一。本课程意味着学生进入了室内设计的专业学习阶段，使学生认识住宅空间与人的使用需求关系，使学生认识住宅与人的精神需求关系，使学生初步掌握室内设计的基本原理和方法及图纸表达，了解人体工程学、空间尺度、基本建筑规范等其他知识，为后续的专业课程打下坚实的基础。

（二）先修课程

先修课程主要有素描、构成、建筑装饰制图、AutoCAD。

（三）先修课程与现授课程的区别

先修课程主要是介绍概论，多是理论上的概念和模拟训练。现授课程是从概念到项目的转化，通过课程内容的学习对项目内容进行深入学习和实践。

四、作业与训练

查漏补缺，自查先修课程哪些内容没有掌握，及时将相关知识补充完善。

五、思考与拓展

思考先修课程与现授课程的关系。

任务三　课程的内容组织结构

一、学习目标

名称	内容	目标
课程项目	居住空间设计	掌握
任务数量	20个	熟悉
教学内容	从概念到实际操作方法	熟悉
教学目标	完成各个任务内容	熟悉

二、任务分析

该任务属于知识结构内容，这部分内容便于学生清楚整个课程的任务内容脉络和排列顺序。

三、相关知识

相关知识详见表1–1。

表1–1

课程项目	课程任务	教学内容	教学任务目标
项目一 课程引入	任务一　居住空间设计的概念	教学内容和教学方法的介绍	熟悉课程内容
	任务二　课程的性质及要求	课程的性质及要求的介绍	熟悉课程安排
	任务三　课程的内容组织结构	课程各环节的逻辑联系	熟悉课程内容
	任务四　课程的教学条件	课程学习前的准备	熟悉课程内容
	任务五　课程的教学目标	课程想要达到的教学效果	熟悉课程安排
	任务六　课程的教学方法	课程的教学手段	熟悉课程内容
项目二 居住空间设计要素	任务一　项目前期准备	前期课程铺垫，专业准备	为项目开始做好准备
	任务二　项目理解与计划制订	装饰项目的概念、性质、作用、特点、发展趋势	理解客户需求，制订项目计划和步骤
	任务三　项目市场调研	市场调研的要素和方法	撰写调研报告，整理设计思路
	任务四　居住空间设计规划	平面布局设计的要素和方法	规划空间平面布局
	任务五　玄关的设计	玄关设计的基本方法和注意事项	掌握玄关的设计
	任务六　门的设计	门的设计的基本方法和注意事项	掌握门的设计
	任务七　客厅的设计	客厅设计的基本方法和注意事项	掌握客厅的设计
	任务八　餐厅的设计	餐厅设计的基本方法和注意事项	掌握餐厅的设计
	任务九　厨房的设计	厨房设计的基本方法和注意事项	掌握厨房的设计
	任务十　卧室的设计	卧室设计的基本方法和注意事项	掌握卧室的设计
	任务十一　卫生间的设计	卫生间设计的基本方法和注意事项	掌握卫生间的设计
	任务十二　书房的设计	书房设计的基本方法和注意事项	掌握书房的设计
	任务十三　设计综合训练	一套完整居住空间的设计	掌握一套完整居住空间的设计
项目三　室内设计的风格		室内设计的风格与流派	掌握项目设计的风格特点

四、作业与训练

根据任务点提示，寻找一些相关设计案例，并对图纸和说明进行仔细阅读。

五、思考与拓展

思考课程的安排顺序和设计的关系。

任务四 课程的教学条件

一、学习目标

名称	目标
居住空间设计的教学条件	掌握

二、任务分析

学习这部分内容，清楚教学条件，有利于增强学习信心。

三、相关知识

（一）先进的教学方法

基于完整的工作过程，以岗位工作过程为主线，以项目引领设计学习过程。把一个项目分解成若干个任务，每个任务由系列活动组成，使学生在做中学，教师在做中教，形成“教、学、做”一体化，学生在从简单到复杂的教学体验中，获得“看得见、摸得着”的成就，保持高昂的学习热情。

（二）多媒体课件

课件是课程内容的一种直观的表现形式，本课程在教学的过程中采用了多媒体课件，“图、文、声、像”并存，生动直观，易于理解。

（三）网络资源库

网络资源是课程内容的拓展和互动，本课程充分利用网络技术建立网络资源库，并不断丰富资源库的内容，并适时向学生推荐相关的网站，介绍行业发展的前沿技术、方法以及材料等，以便学生能掌握行业最新的动态，及时对课程知识进行补充和完善。

（四）不断充实的教学材料

教学材料是为了更好完成教学任务的一些必要手段。通过教学材料，学生可以更清楚地明白该课程的主要要求，掌握应该具备的知识和实际操作技能，以帮助学生加深对课程的理解。

主要的教学材料包括课程标准、电子教案、多媒体课件、实习实训项目、操作技能演示视频、课程教学录像、习题库等。

（五）不断完善的校内实训基地

依托市级财政项目，不断完善校内实训基地、丰富校内实训内容。

（六）充分利用校外实训基地

将校外实训基地与课程结合，边讲边练，深入市场接触实际工程，丰富学生的动手能力。

四、思考与拓展

思考自己应该做好哪些学习准备?

任务五　课程的教学目标

一、学习目标

名称	目标
课程教学目标	了解

二、任务分析

学习这部分内容，有利于了解该课程最终要达到的目标。

三、相关知识

根据人体工程学原理，以人为本，坚持“绿色设计”理念，掌握居住功能空间的组织方法，掌握小户型住宅、普通住宅、跃层式住宅、别墅等的室内空间设计的特点和构思方法，独立完成居住空间室内设计及图面作业，能与厨房设计、家具设计等专业公司合作完成橱柜、家具设计与选择。教学模式见图1–9。

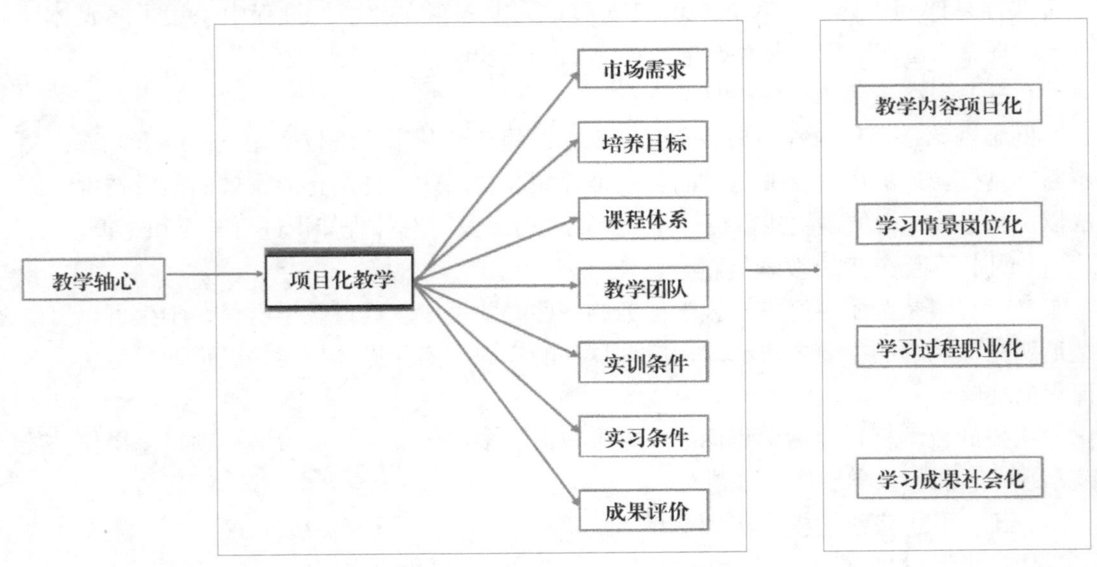

图1–9　教学模式

四、作业与训练

仔细阅读并理解课程教学目标，思考达成教学目标的必要条件。

五、思考与拓展

仔细阅读课程教学目标，可提出更好的达到教学目标的想法和建议。

任务六　课程的教学方法

一、学习目标

名称	目标
居住空间设计的教学方法	了解

二、任务分析

学习这部分内容，清楚教学方法，有利于增强学习信心。

三、相关知识

（一）基于完整的工作过程

以岗位工作过程为主线，贯穿于课程的始终。要求学生在学习这门课程的过程中，既要掌握每个环节的技能又要对整个工作过程了然于心，从系统的角度提高学生把握整体工作过程的能力。

（二）以项目引领学习过程

以一个或多个典型的设计项目为课程的载体，学习过程就是项目过程，学习成果就是项目完成的成果。关于项目的理论知识融汇贯穿于整个实践过程，保持理论和实践学习的一体化。

（三）任务导向与活动推进

把一个项目分解成若干个任务，每个任务由系列活动组成，使学生在做中学，教师在做中教，形成“教、学、做”一体化，学生在从简单到复杂的教学体验中，获得成就感，保持高昂的学习热情。

（四）师徒协作完善学习成果

一个班的学生由多个小组组成，每个小组的成员，除由任课主讲教师指导外，还有专门辅导的老师，这些老师都是该专业的专职教师、兼职教师，可以在课后单独指导学生完善学习成果。

项目二 居住空间设计要素

任务一 项目前期准备

一、学习目标

名称	内容	目标
基础知识	色彩、素描、三大构成等知识	掌握
工具准备	A4纸、直尺、铅笔、钢笔、橡皮、卡纸等	掌握

二、任务分析

该任务属于知识结构内容，这部分内容便于学生搞清楚如何更好地学习这门课程。

三、相关知识

居住空间设计之前，需要专业基础、专业技能和美学理论支持，这些能力需要特别的训练，也需要平时对生活的观察。设计都是相通的，都离不开人们在生活中总结出来的美学基础。所以说，这些基本的能力是设计的前提。

（一）色彩

色彩是设计中很重要的设计基础，不仅关系到美的培养和效果表现技法，同时对空间的色彩搭配也是很重要的。

色彩学的应用主要体现在四个维度：物理角度的光、色彩心理学、色彩生理学和色彩艺术。这对于我们设计来说都是很重要的，在设计之前必须深刻理解这些基本理论。比如光的问题，扩展开来讲，色彩的形成是光波的视觉反映，研究色彩必须先研究光，光线是室内设计中最为关键的基本要素，光和色彩的关系不仅是一门艺术，也是一门科学，如何合理地处理光和色在人们生活中的美学、心理和生理反应，是设计师必须要清楚的事情。

色彩的色相、明度、纯度是色彩学的基本原理（见图2-1）。通过对这些的理解，我们可以把这些理论应用到设计，用色彩规律对居住空间进行色彩设计，同色相、不同明度的搭配，是最易出效果的一类应用（见图2-2）。

图2-1

图2-2

（二）素描

素描的作用主要是空间构图、造型搭配、设计表现等，同时也是美感训练的手段。

素描是艺术创作和表达设计创意的一种绘画形式，体现了作者的设计思维、审美理念和艺术个性。素描与设计艺术关系密切，是艺术设计程序的一部分，是艺术设计中的重要环节，是艺术设计的基础。

对于居住空间设计来说，学好设计素描的主要作用如下：

（1）通过对素描的训练，能准确地表现对象和创造新的形体，培养设计需要的空间思维能力与想象力，掌握形体的透视变化规律、对物体结构严谨和理性的描绘、对体积和空间良好的表达以及通过线条结构和空间进行表现的能力。

（2）掌握对光影的充分利用，充分地表达立体感和空间感以及突出设计创意。从光影关系、黑白灰关系、写真描绘入手，全面提升对黑白灰关系的把握能力，对光影关系与材质机制的感受和表现能力，如图2-3所示。

（3）加强速写和记录能力，能使设计师的感受和想象形象化、集体化。速写是一项训练造型综合能力的方法，是最能锻炼作者眼、脑、手相互协调配合能力的，能及时定格下设计师对事物的观察和感受，具有很强的记录性和生动性，是设计师保持敏锐状态的最佳手段。长期坚持速写并从中不断体会感悟，它在今后的艺术设计活动中将呈现出很大的价值。

（4）素描提高设计者创造能力。设计师的一项创造性活动，需要有丰富的想象力和创造力，在客观物体的基础上可以进行合理的联想，改变物象的形状、性质、时间与空间状态，创造出新的形态。从思维方式、造型观念、表现技法等方面培养艺术设计所需要的想象力、创造力、思维方式以及造型表现的技能技巧。

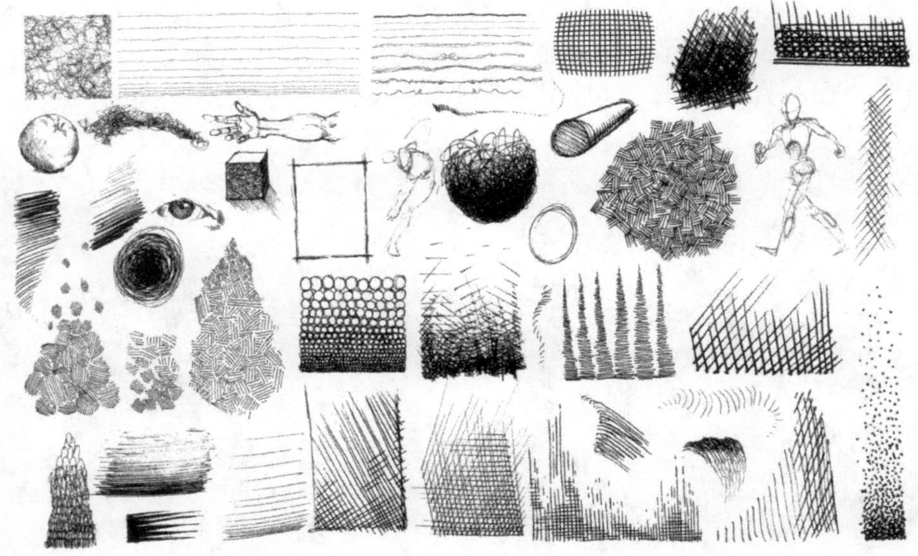

图2-3　线条训练提升空间表达能力

（三）三大构成

三大构成的应用，是多方面知识的综合，有色彩的综合，有空间的关系，也有美感的训练，有些构成元素可以在实际设计中直接应用。

三大构成是艺术设计的视觉语言，通过把形态、色彩、空间等元素作为构成主体，并通过以抽象的几何图形和点、线、面的变化作为主要表现形式，通过形态、色彩创造出强烈空间感、节奏感、韵律感、秩序感等视觉效果，形成了现代设计学科的基本框架，是现代美学应用于设计学的基础训练，如图2-4所示。

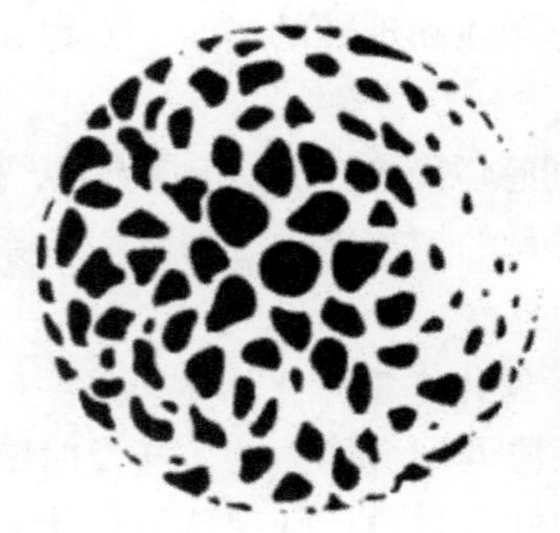

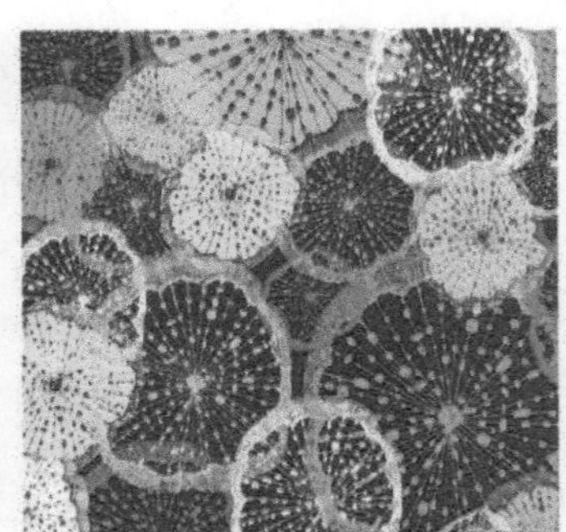

图2-4　三大构成

（四）测绘制图能力

测绘制图能力是体现对现场的掌控和图纸表达的关键，也是设计沟通的关键。

（五）识图能力

能准确地识别专业图纸上的各种标注及文字符号，见图2-5~图2-7。

名称	颜色	图层	打印线			备注
建筑图层：			A3	A2	A1～A0	
轴线	136	DOTE	0.06			
轴号 ④	圈线：150	AXIS	0.09	0.12	0.09	
轴号文字层 ④	文字：50	AXIS_TEXT	0.05	0.05	0.05	
土建尺寸	线：44 文字：60	DOIM-1	0.09 0.05	0.09 0.05	0.05 0.09	图层名以尺寸比例大小命名
柱子轮廓线	4	CLTM	0.2	0.25	0.4	
阴影部分	136	WALI	0.05			
柱子填充	8	DOL_FIIL	0.05	0.05	0.05	
土建墙线	160	WAIL	0.2	0.25	0.4	
玻璃幕墙	12	WIMDGY	0.09	0.12	0.15	
门	门叶：60 门范围度：8 （虚线）	DOOK	0.13 0.05	0.15 0.05	0.2 0.05	如果是玻璃门，可以跟玻璃一个颜色，图层不变
地面图层：						
地面轮廓	粗：144 细：196	FC-IMTCH	144 0.09 138 0.05			
地面填充	粗：196 细：138或250	FC-FLOOR	138 0.005 250 0.005			填充舒点图案时用粗（136） 填充舒点图案时用粗（138减250）（250）随显50%
地面尺寸	线：44 文字：50号 颜色 随层	FC-DIH-1	—— 0.05			图层名以尺寸比例大小命名
地面文字	文字：50	FC-TEIT	—— 0.05			
天花：RC						
天花轮廓线	粗：30 细：8	BC-FIH	—— 0.2 —— 0.1			
天花灯具	2	BC-LICHT	—— 0.2			
天花尺寸	线：44 文字：50号 颜色 随层	BC-DIM-1	—— 0.05			图层名以尺寸比例大小命名
天花文字	文字：50	BC-TEIT	—— 0.05			

图片来自《居住空间设计》（朱达黄）

图2-5 图例线型（一）

名称	颜色	图层	打印线			备注
公共图层一：						
墙体完成面	20	DS-FINISH	0.13	0.15	0.18	
室内玻璃墙	12	DS-GLASS	0.09	0.12	0.15	
固定家具(高柜)	30	DS-HICH-CAHINEI	0.15	0.2	0.25	
窗帘	32	DS-DRAPEKY	0.09	0.09	0.15	
公共图层二：BS-						
电梯	14	RS-LIFT	0.15	0.2	0.25	
楼梯	30	RS-STAIR	0.15	0.2	0.25	
固定家具(矮柜)	40	RS-SHORT-CABDNET	0.15	0.2	0.25	
虚线家具	250	RS-FURN	0.05	0.05	0.05	淡显%60

名称	颜色	图层	打印线	备注
间墙图：AR-				
间墙尺寸	线：44 文字：50号颜色随层	AR-DTM-1	——0.05	图层名以尺寸比例大小命名
索引号	50	AR-TEXT	——0.05	
机电图：EM-				
机电图标	61	EM-ELEC	—— 0.2	
文字标注中文	50	EM-TEXT	——0.05	
文字标注英文	42	EM-TEXT_E	——0.05	
尺寸标注	线：44 文字：50号颜色随层	EM-DIM-1	——0.05	图层名以尺寸比例大小命名

图片来自《居住空间设计》（朱达黄）

图2-6 图例线型（二）

名称	颜色	图层	打印线			备注
平面：FF-						
活动家具	51	FF-FURN	0.15	0.2	0.25	
洁具	31	FF-FIXT	0.15	0.18	0.2	
平面灯具	22	FF-LIGHT	0.09	0.1	0.13	在家具上的灯具可以跟家具一个图层
平面装饰、挂画	120	FF-AKT	0.15	0.10	0.05	
植物	86	FF-PLANTS	0.05	0.05	0.05	
平面文字中文	50	FF-TEXT	0.1	0.1	0.15	
平面文字英文	50	FF-TEXT_E	0.1	0.1	0.16	
平面尺寸	线：44 文字：50	FF-DIM-1	0.1	0.1	0.16	图层名以尺寸比例大小命名

名称	颜色	图层	打印线	备注
立面图：EL-				
文字标注	50	EL-TEXT	—— 0.05	
尺寸标注	线：44 文字：50号颜色随层	EL-DIM	—— 0.05	
其他图层：				
图框图层	TK	1	—— 0.05	
视口图层	DEFPOINIS或VIEWPORT	7	—— 0.05	
区域覆盖图层	wipess	会用的用此图层，图层颜色随自己定		
其他图层（不是我司设区域）	250	IDS-ROAD		

图片来自《居住空间设计》（朱达黄）

图2-7 图例线型（三）

（六）模型制作

模型的作用除加强空间感觉外，还有训练动手能力，加强沟通作用，如图2-8、图2-9所示。

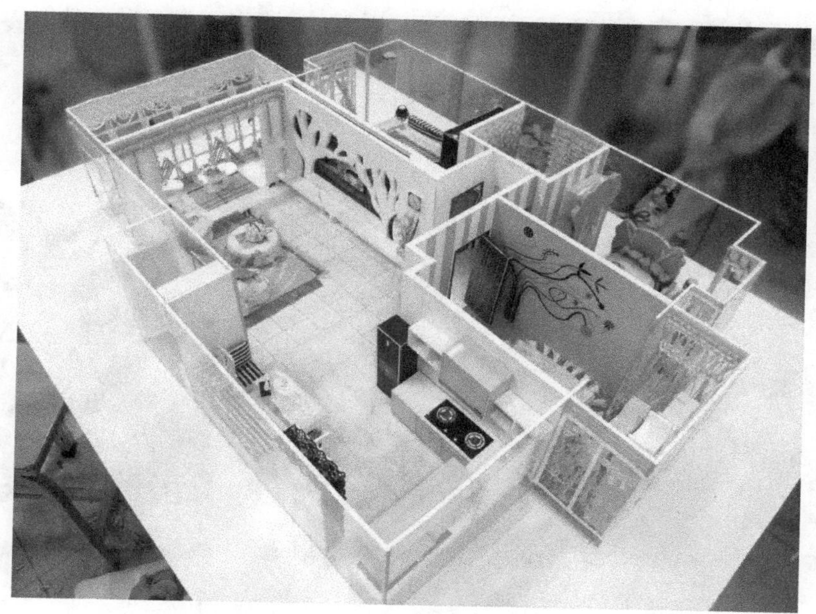

图2-8 手工实体模型

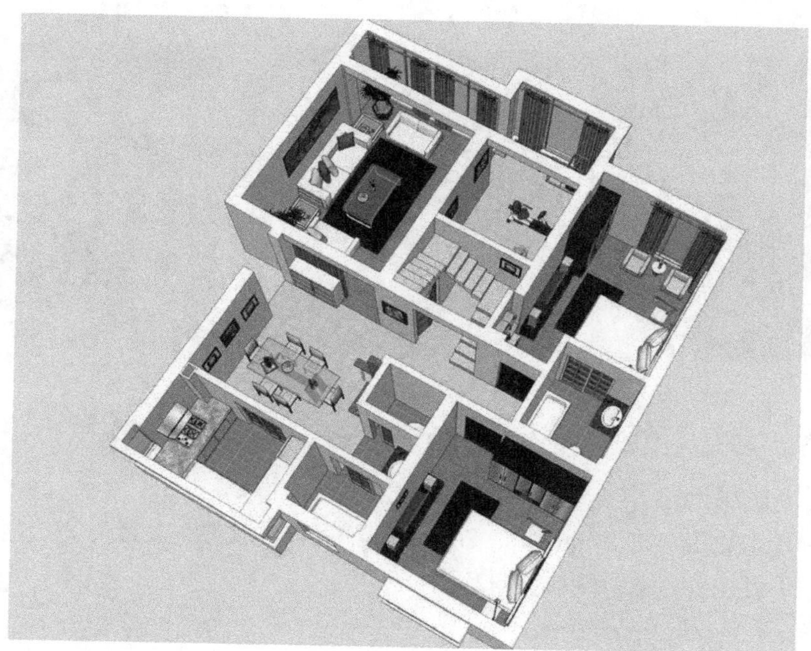

图2-9 电脑数码三维模型

（七）版面设计

版面设计师设计表达的关键，不管是在方案设计阶段PPT的排版，还是在设计后的展示阶段，好的设计表现，可以在原来的基础上更加吸引客户，如图2-10所示。

图片来自深圳玖誉

图2-10　设计方案PPT版面设计

（八）电脑辅助设计

电脑辅助设计工具,如AutoCAD、Photoshop辅助设计软件，就像写字的笔一样，在未来的设计中不可代替，见图2-11、图2-12。

图片自绘

图2-11 AutoCAD辅助设计

图片自绘

图2-12 Photoshop辅助设计

（九）人体工程学

人体工程学对于室内设计来说是很重要的一门学科。尤其是居住空间，人在家里活动，离不开尺度准则，如果设计师缺乏必要的人体工程学知识，很难设计出满足正常使用功能的空间。人体工程学分为两种：固定的标准位置的静态尺度和活动的人体条件的动态尺度。

在居住空间设计中，人体工程学主要应用在家具、厨卫、收纳等处，在长期的设计总计中，很多有经验的设计师对尺度感已经得心应手，但初学者还需要记数据和找感觉。

对于室内设计师来说，我们在设计居住空间的时候主要考虑空间与家具的摆放，这里有固定家具也有活动家具，我们需要一些常用家具的大概尺寸。小空间和大空间的家具排列不一样，不同的空间，使用的家具也不同，这就要求我们熟悉人体工程学，把握空间尺度。比如说我们一定要记住一般标准家具的规格、非标家具的尺寸范围，如图2-13所示。

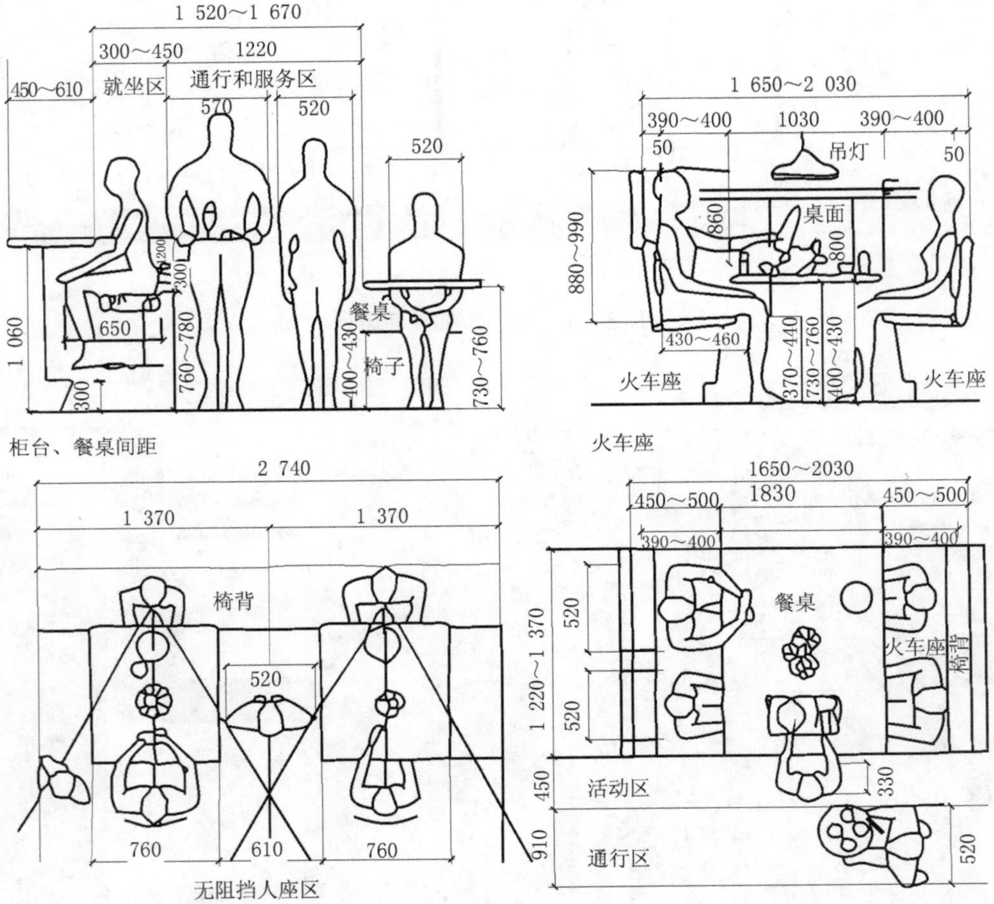

图片来自《住宅设计解剖书》

图2-13　人体工程学——人体及室内家具尺寸

（十）建筑基础知识

建筑基础是室内设计的前提，不懂建筑基础知识的，很难设计出好的作品，同时还会有很多技术问题，见图2-14。

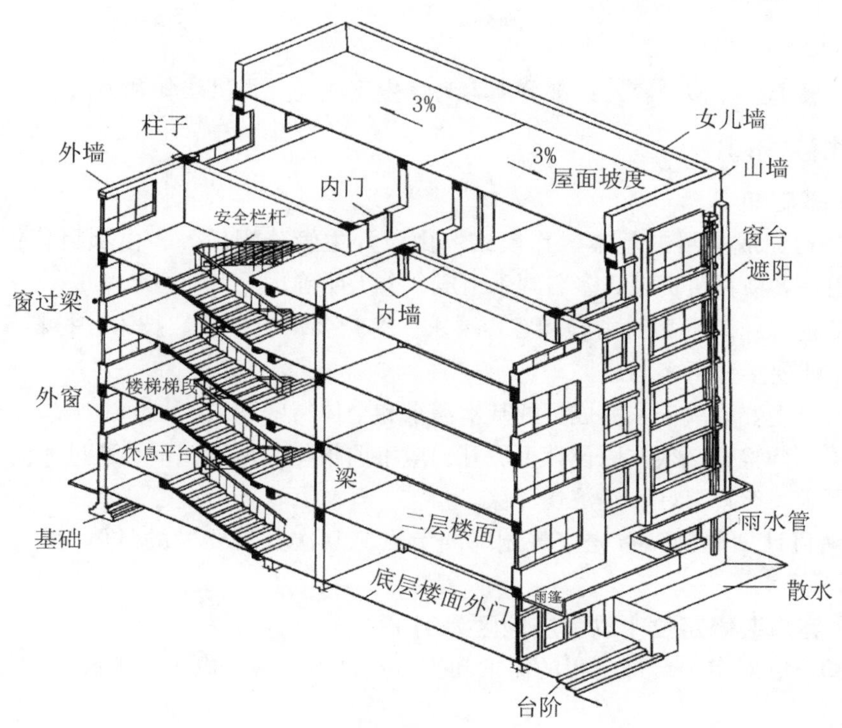

图2-14　建筑基础知识

四、作业与训练

（1）收集大量与居住空间相关的资料和图片。

（2）回顾知识目标中提到的前期学习过的课程，有不足之处及时补充。

五、思考与拓展

作为一个室内设计师，每个人的长处都不一样，在开始学习设计的时候，一定要认识自己的特点，取长补短充分发挥自己的优势。

任务二　项目理解与计划制订

一、学习目标

内容	目标
组织完成项目的人员分工	熟悉
理解项目的内容和客户的要求	掌握
制订完成项目的计划和步骤	掌握

二、任务分析

该任务属于技能型内容，这部分内容为学生完成任务提供步骤和方法。

三、相关知识

（一）基础知识

设计公司完成项目的基本操作模式：由设计主管分配任务，由项目代销组成项目组，一般由一名项目负责人和多名副手组成，分工明确。

设计的前提：理解项目内容和客户要求。客户要求有功能、技术、材料、艺术、心理方面的，还要多分析多沟通。

住宅功能主要取决于家庭成员的基本需求和个体特殊需求。

户型墙体调整：必须在原设计上展开，应事前报物业审批，审查通过才能施工。

材料要求：客户喜好、经济、环保。

制订项目计划原则：首先应规划时间节点，其次分析要做的具体工作，内容条理化。

（二）客户装修定位（以重庆地区为例）

不同的家庭对室内装饰工程的需求和侧重点是不同的，以重庆地区为例，具体定位如下。

1. 基础型（5万～15万元）

装修投入：消费能力比较低，需求的装修预算多在15万元以下，可承受的单价多低于1 300元/m^2。

设计态度：对装修设计的接受度和喜好度最低。最在意的是价格和功能需求，讲求实用。

2. 经济型（15万～30万元）

装修投入：需求的装修预算多为15万～30万元，可承受的单价平均为1 300～2 400元/m^2，大多数消费者选择了价格为1 800元/m^2的装修。

设计态度：对装修的设计希望为，能节省精力。对价格比较敏感，是选择设计的一个阻碍因素。对装修隐蔽工程质量比较担心，希望定位维护，要求隐蔽工程的材料和施工要好。注重实用，对室内的装修风格有一定的要求。

3. 舒适型（30万～60万元）

装修投入：需求的装修预算多为30万~60万元，可承受的单价平均为2 500~4 000元/ m^2，大多数消费者选择了价格为3 000元/ m^2的装修。

设计态度：对装修的设计希望为，能节省精力，突出自己的居室风格。有一定的经济基础，对他们而言，追求生活质量是比较重要的方面，他们对设计喜好度非常高。比较关注装饰材料的品牌。

4. 豪华型（60万元以上）

装修投入：无论是在房屋本身还是在装修标准上，都表现为追求最高标准，需求的装修预算多在60万元以上，可承受的单价在4 000元/ m^2以上。

设计态度：对装修的设计希望为，能节省精力。室内风格明确，多为欧式风格、法式风格或中式风格等。对造型、工艺都有很高的要求。

他们中间大多数人追求品牌，非常在意装修能否体现居住者的身份和品味，愿意为装修设计中的名牌产品支付更多的钱。

四、任务内容

活动一：项目分组

A．模拟设计公司，组成项目小组，每组1~3个人，可以自由组合或抽签决定。

B．明确每人分工。

活动二：对项目任务展开分析和定位

A．对项目任务、图纸展开复核，理解设计要求。

B．对现场进行勘察。

C．对图纸尺寸进行复核，如梁的位置和高度、门窗尺寸和管道位置。

D．设计定位，根据客户要求，针对客户的职业和年龄等展开，最大限度地满足使用功能。

活动三：制订小组工作计划和步骤

完成一个项目必须有时间节点和实施步骤，这里必须做到学习情景项目化和学习过程职业化。

五、操作案例（任务实践）

（一）项目概况

项目名称：某小区居住空间设计。

项目来源：某学校教职工宿舍 。

项目内容：根据图纸和设计要求，设计一套功能合理、风格鲜明的居住空间。

任务要求：功能合理、风格不限、造价不限，满足舒适、合理、美观、环保的原则。

能力目标：设计一套居住空间。

（二）原始平面图

原始平面图见图2–15。

六、作业训练

（1）测量居住空间，绘制房屋平面图，并标注清楚门窗和梁的位置及尺寸。

（2）调研设计公司操作流程，了解设计师岗位职责。

七、思考与拓展

强化职业核心能力，优化职业迁移能力，提高职业综合素质，实现学生向职业人的有效转换。

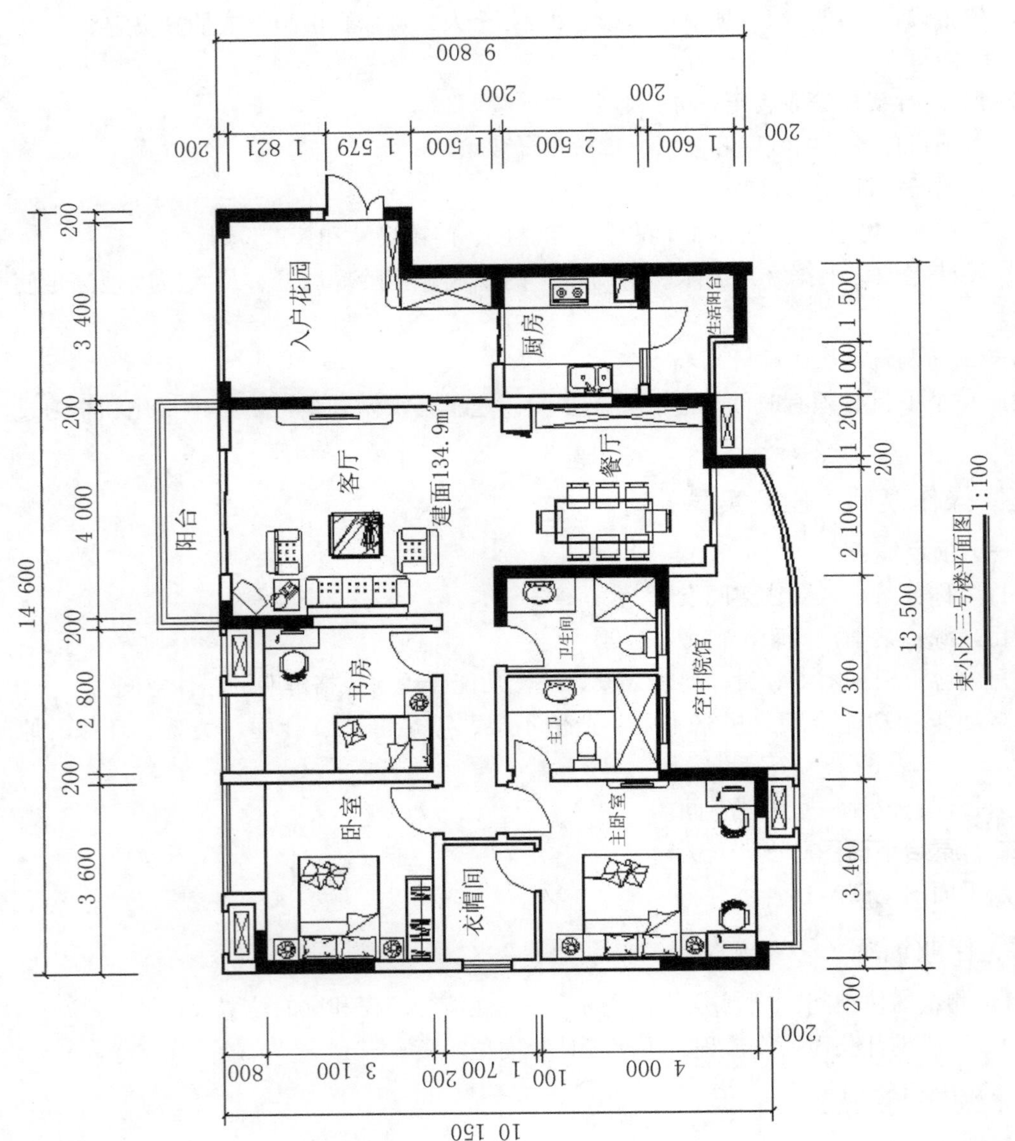

图2-15 重庆水利电力职业技术学院书香雅院户型图

任务三 项目市场调研

一、任务描述

内容	目标
撰写调研报告	掌握
整理出设计思路	掌握

二、任务分析

该任务属于技能型内容，这部分内容为学生完成任务提供步骤和方法。

三、相关知识

（一）设计信息库的建立

对于建筑设计师和室内设计师来说，刚开始设计需要大量的设计信息。这些信息需要我们平时点点滴滴的收集，尤其是国内外新的设计流派和理念，还有那些研究深刻的各种风格手段。在学习基础学科的时候，要在头脑中形成一个系统的信息库，库存包括基本能力和设计信息。这些信息会在将来做设计的时候形成设计灵感和解决设计问题的线索。

对于信息体系的形成，主要靠多看、多想、多记录。

多看，主要是多看好的设计作品，多观察身边的事物，多留意美的东西，做一个有心人。

多想，就是要多思考，多总结。

多记录，就是把重要的东西通过多种形式记录下来，可以是草图，也可以是数据库。草图还可锻炼手绘能力，数据库的内容很多，可以是图片，也可以是三维模型、CAD模块、材质库、贴图库、好的方案图纸等。

（二）市场调研

市场调研是综合的，同时也是大量接收信息的一个途径，一个成熟的设计师不需要每个项目之前都去调研，但对于学生来说，市场调研很有必要，也必须认真对待。在这个任务中的关键是要有明确的调研目的，在前期的准备和市场定位的同时，就应该有一个大的方向性，有针对性的市场调研可以解决设计过程中遇到的很多实际问题，还可以通过市场调研巩固前面所学的相关知识，提高专业意识。这点对本课程的学习很有帮助。

四、任务内容

活动一：设计资料收集

当然在一个项目开始前，我们还需要有针对性地进行资料收集，通过这些资料来开拓思路。在这里我们需要说明一点的就是：以往的教学过程中过分地强调新意，其实对于初学者来说，模仿是最好的学习过程。当然我们也应鼓励创新，在反对雷同的前提下进行模仿。

当前网络时代资料的收集很方便，通过互联网可以查到很多我们需要的信息，尤其是图像信息。

活动二：市场调研

市场调研的重点是课程内的设计，主要有以下几个调研内容：

（1）调研与项目相关的样板房或示范单元。吸取优点，改进不足，尤其在结构的布局上，很有参考价值。

（2）调研与项目相似的成熟设计。市场上有很多优秀的设计作品，对设计师拓展思路很有好处。

（3）调研与项目相关的材料、做法、价格等要素。必须综合考虑成本、需求、行情等。

活动三：调查报告

调查报告不是项目中独立的一项内容，而是项目文本的一部分。这里要强调的是调研报告除了对设计师自己有重要的作用，对客户有更重要的作用。一个好的设计师要让客户感兴趣，调研内容是非常重要的，它可以让客户有一种眼前一亮的感觉。大多数客户是非专业人士，当你用一种形式把他们的想法表达出来时，会令其产生很强的认同感，这样设计的方案就很容易得到认可。

调查报告的内容：

（1）调研项目的市场行情、好的思路和成功的案例。

（2）由调研内容引出的设计构思和方向。

调研报告的形式：图文结合，多种形式并举，内容丰富。

活动四：确定设计思路

通过客户定位和市场调研，确定设计思路。

五、操作案例

（一）客户概况

这是一个三口之家，男、女主人和孩子。

男主人:42岁，私营企业家，富有人生智慧，个性果断有魄力，激昂勇敢而品味独居，有着和谐、平衡的人生态度。男主人大部分时间都是忙忙碌碌的，他的资产颇丰，仍然去工作是为了追求自我实现。他很忙碌，但也抽出时间进行体育锻炼，身体健康。虽然人到中年，但思想非常开放，喜欢有趣的新事物，经常和孩子一起玩耍。对家的设计讲究和谐、耐用，用色、用料都务必自然、低调而高档。男主人喜欢阅读、小提琴、法国红酒和高尔夫，兴趣可谓广泛。

女主人:37岁，企业中层主管，有很好的文化修养。感性，大方而不失原则，宽容而又坚持，富有热情，有自己的事业。喜欢名牌的设计品味和高档质地，有很多典雅的服装。女主人有许多琉璃饰品，喜欢文化艺术，还有园艺、油画。她喜欢欣赏欧式家具，讲究舒适与美观。烧烤是家人朋友相聚时最受欢迎的活动。庭园里养花种草是女主人另外一个兴趣，有一只宠物小狗。

男孩子：14岁，上初中，学习中等。喜欢体育运动，尤其热爱足球、篮球，喜欢玩电脑游戏、上网聊天。除了学习，业余时间对漫画、电脑杂志、文学名著及新款车模、机器人模型也有一定兴趣。

（二）客户分析

（1）高端客户层，注重产品与身份的匹配，注重口碑传播。

（2）慢热型，不轻易表达个人喜好。

（3）注重产品实际细节表现，介绍为辅。

（4）较难建立产品忠诚度，但一旦打动客户心理，就较为忠诚。

（三）设计定位

1. 空间利用

（1）体现室内动线的流畅、便利。

（2）体现室内空间的可创造性与扩展性。

（3）避免装满每个空间，需要一定的空间浪费。

2. 室内装饰

（1）小套：体现空间的灵动性、舒适性，需要体现经济性和舒适性。

（2）大套：体现空间的停留感能让客户静下来，又能营造出生活的奢华与舒适。

（3）考虑客户层的年龄定界，面积段的跨度所带来的客户层年龄喜好不同。

（四）客户信息分析

根据客户信息（见表2-1），分析、总结完善客户需求，表格形式可多样化，根据具体内容展开分析。

表2-1

客户姓名	职业	户型(面积)	颜色喜好	材质喜好	系统设备	设备配置
王某某	医生	132 ㎡	2905C 114C 4645C	金属、布料	中央空调、 采暖系统、 新风系统	整体橱柜、 烤箱、 家用净水系统

六、作业与训练

通过学习各种真题项目内容，分析客户信息，应对各种不同状况。

七、思考与拓展

设计是从模仿开始的，不懂得思考的模仿只能是抄袭，调研并思考总结是设计创新的前提，做到“做中学，学中做”。

任务四　居住空间设计规划

一、任务描述

内容	目标
规划室内居住空间的平面布置	掌握
规划室内居住空间的顶面布置	掌握

二、任务分析

该任务属于技能型内容，这部分内容为学生完成任务提供步骤和方法。

三、相关知识

（一）居住空间总体平面规划

空间规划是对室内空间的组织和安排，设计师通过对建筑的平面进行功能分析，对室内空间性质的充分理解，对空间功能关系的深入调查分析，对空间主次、内外、动静等关系的认识，对空间中人的行为流程的把握，最终设计出满足功能需求的合理空间。

平面功能关系的规划是指研究人在不同空间中的秩序和行为，不同空间的功能要求会形成不同的空间性质的差别。

方案草图一的构思需要有比例草图来表现，能很清楚地把设计意图表达出来，如图2-16所示。

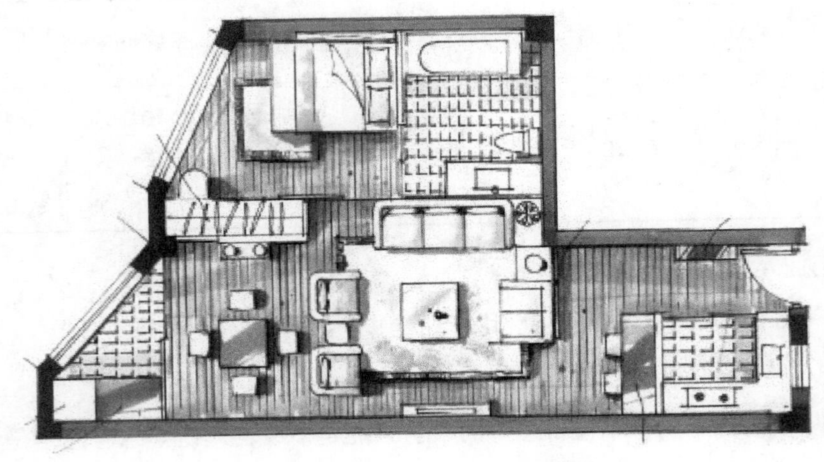

图2-16　方案的构思过程中的草图

方案草图二在草图表现时，可以增加一些说明性的文字，如图2-17所示。

平面布置图 S=1:50

图2-17 方案草图+文字说明

空间流线关系是在室内平面规划中联系各功能空间的纽带，交流组织的好坏直接影响各空间的质量，处理不好会造成使用的不方便。

（二）平面组织关系主要类型

1. 线型结构

线型结构主要适用于中小户型，简单的流线体现了最合理的使用功能。各个空间通过通道连接，相对独立而又有序列，如图2-18所示。

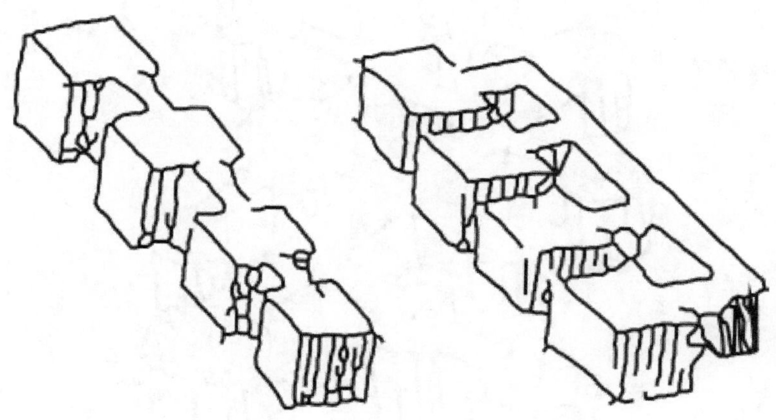

图片来自《居住空间设计》（朱达黄）

图2-18

2. 放射型结构

放射型结构主要适用于中等户型，围绕一个中心延伸的空间，这个中心一般是客厅，因为客厅是家庭公共活动的中心，如图2–19所示。

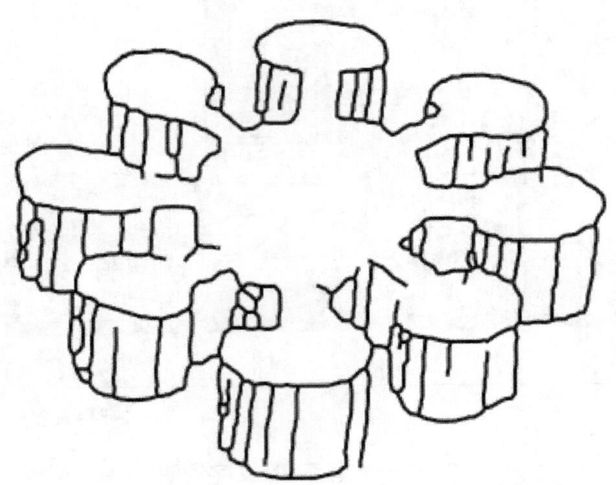

图片来自《居住空间设计》（朱达黄）

图2–19

3. 轴心型结构

轴心型结构适用于中等户型，围绕一条轴线展开，一般这类户型相对复杂，如图2–20所示。

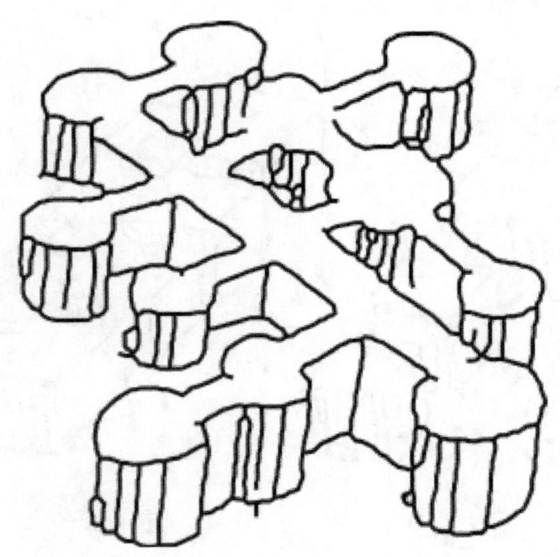

图片来自《居住空间设计》（朱达黄）

图2–20

4. 多中心结构

多中心结构适用于别墅户型，围绕多个中心延伸，如图2–21所示。

图片来自《居住空间设计》（朱达黄）

图2-21

（三）各空间之间的关系

各空间之间的关系如图2-22所示。

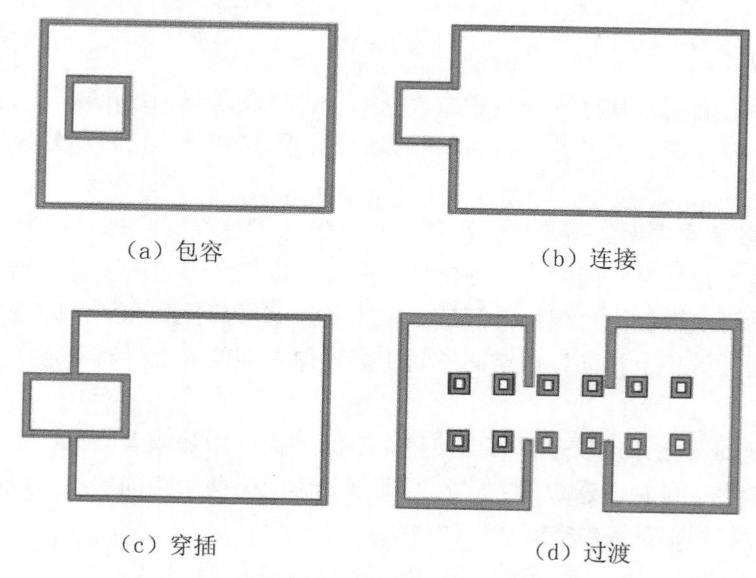

图片来自《居住空间设计》（朱达黄）

图2-22

（四）居住空间形态划分

室内空间的划分可以按照功能需求做种种处理，随着应用物质的多样化，立体的、平面的、相互穿插的、上下交叉的，加上采光、照明光影、阴暗、虚实、陈设的简繁及空间曲折、大小、高低和艺术造型等种种手法，都能产生形态繁多的空间划分。

1. 居住空间的划分

在居住空间中，各个功能空间之间有很多联系，在总体规划时要合理处理好空间之间的联系，这样才能很好地满足使用功能，如图2-23所示。

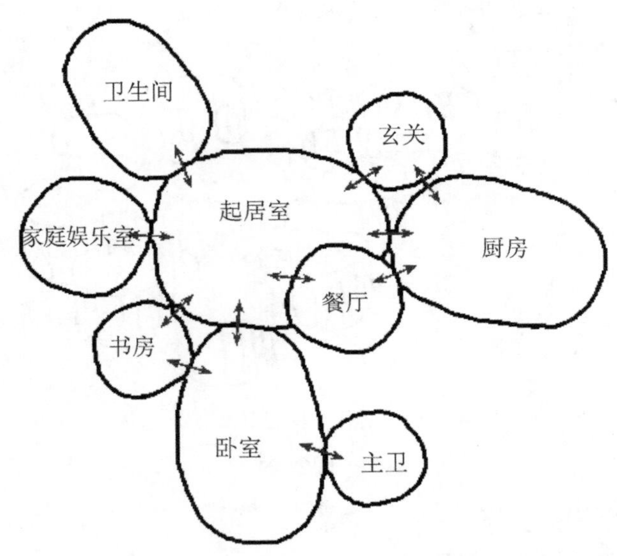

图片来自《居住空间设计》（朱达黄）

图2-23

从划分手法上主要有垂直分类（如软隔划分、陈设划分、绿化划分、家具划分、灯具划分、列柱划分等）和水平分类（如凸提划分、凹陷划分、挑台划分、悬板划分、看台划分等）。

1）利用基面或顶面的高差变化划分

利用高差变化划分空间的形式限定性较弱，只靠部分形体的变化来给人以启示，联想划定空间，可获得较为理想的空间感。常用方法有局部提高和局部降低两种。两种方法在限定空间的效果上相同，但空间感觉不同，前者在效果上具有散发的特点，后者具有内聚性。

顶面高度的变化方式较多，可以使整个空间的高度增加或者降低，也可以是在同一空间内通过看台、排台、悬板等方式将空间划分为上下两个空间层次，既可扩大实际空间领域，又可起到丰富室内空间造型的效果。

2）利用饰品、灯具、软隔断划分

通过家具、饰品、绿化等对室内空间划分，不但保持了大空间的特性，而且这种方式既能活跃气氛，又能起到分隔空间的作用；利用灯具对空间进行划分，通过挂吊式灯具或其他灯具的适当排列并布置相应的光照；所谓的软隔断，就是帷幔、珠帘及特制的折叠连接帘，增强了亲切感和私密感，更好地满足了人们的心理需求。

3）交错穿插空间

利用两个相互穿插、折叠的空间所形成的空间，成为交错空间或穿插空间。城市中的立体交通，车水马龙川流不息，显示出一个城市的活力。现代室内设计早已不满足于封闭的六面体和精致的空间形态，在创作中也常见到把室外空间的城市立交模式引入室内，在分散和组织人流上颇为相宜。在交错穿插空间，人们上下活动交错穿流，俯仰相望，静中有动，不但丰富了室内景观，也确实给室内空间增添了生气和活跃气氛。交错穿插空间形成了水平、垂直方向的空间流动，具有扩大空间的功效。空间活跃，富有动感，便于组织和疏散人流。在创作时，水平方向采用垂直护墙的交错配置，形成空间在水平方向向上的穿插交错，左右逢源，“你中有我，我中有你”所形成的空间相互界限模糊，空间关系密切。

4）模糊空间

模糊空间的界面模棱两可，具有多种功能的含义，空间充满复杂性和矛盾性，从而延伸出含蓄和耐人寻味的意境，多用于处理空间与空间的过渡、延伸等，结合具体的空间形式与人的意识感受，灵活运用，创造出人们所喜爱的空间环境。

2. 隔断划分

（1）全流通，很少有分隔感，如图2-24、图2-25所示。

图2-24 高文安-苏格兰古堡兰古

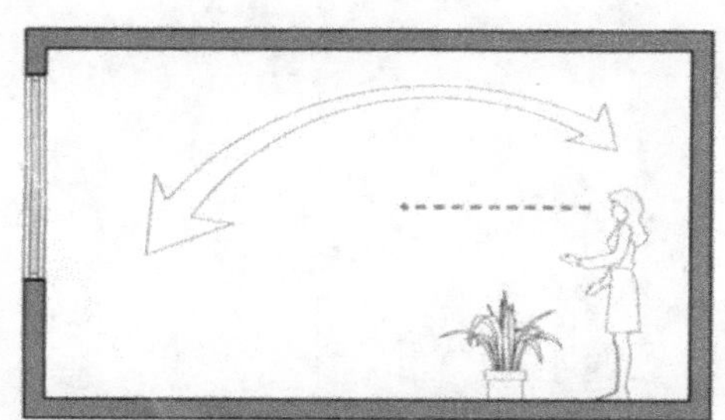

图片来自《居住空间设计》（朱达黄）

图2-25

（2）半流通，有分隔感，如图2-26、图2-27所示。

图2-26 九江归宗寺会所（一）

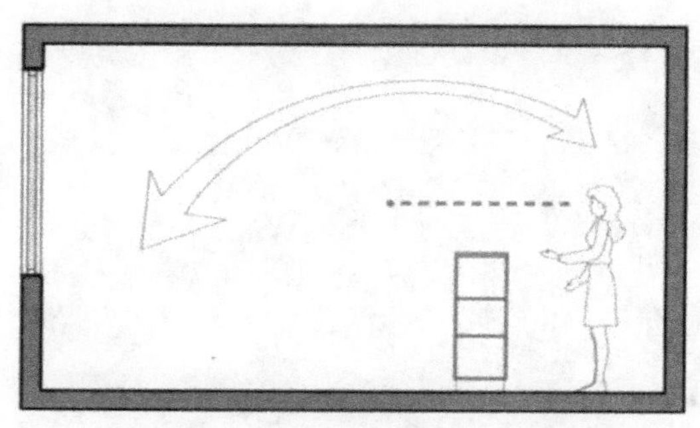

图片来自《居住空间设计》（朱达黄）

图2-27

（3）少量流通，分隔为主，如图2-28、图2-29所示。

图2-28　九江归宗寺会所（二）

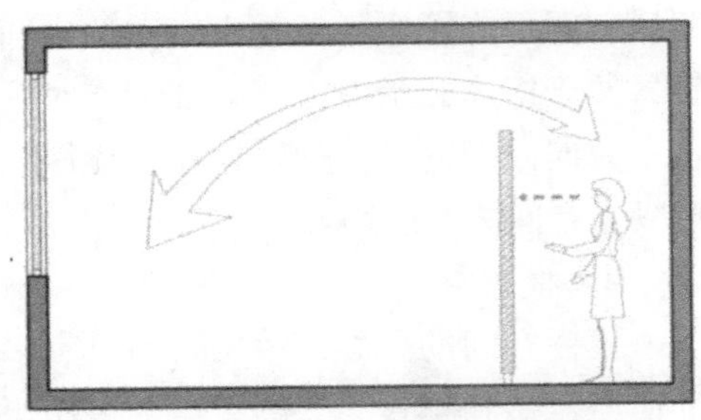

图片来自《居住空间设计》（朱达黄）

图2-29

（4）心理流通，实际分隔，如图2-30、图2-31所示。

图2-30

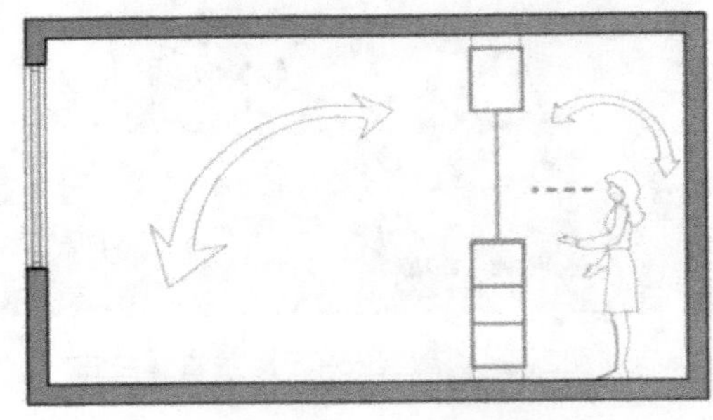

图片来自《居住空间设计》（朱达黄）

图2-31

（5）不流通，全封闭，如图2-32、图2-33所示。

图片来自重庆永川金科售房部

图2-32

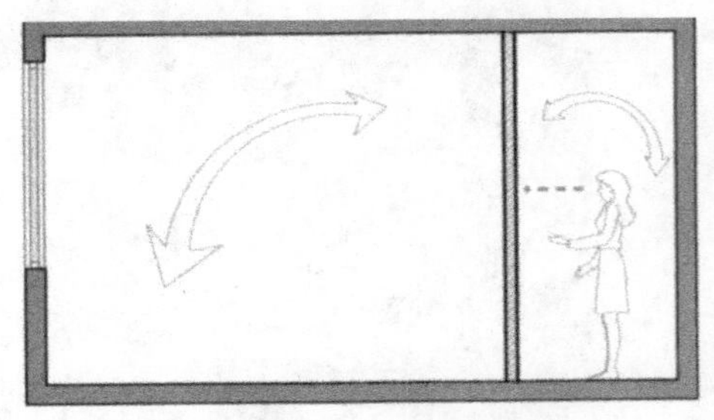

图片来自《居住空间设计》（朱达黄）

图2-33

3. 地面分隔

（1）不同的地面材料，有一定心理分隔，如图2-34所示。

（2）一个台阶分隔，有分隔感但流通效果不太影响，如图2-35所示。

（3）多个台阶，利用台阶和扶梯栏杆分隔空间，如图2-36所示。

4. 顶面分隔

顶面高差分隔空间，两边分隔感不一样，流通性不影响，见图2-37。

图片来自邱德光设计事务所

图2-34　通过地面材料分割空间

图片来自Gensler，https://officesnapshots.com/2017/01/23/etsy-offices-new-york-city

图2-35　利用地坪高差分割空间

图片来自邱德光设计事务所

图2-36 利用台阶和扶梯栏杆分割空间

图片来自邱德光设计事务所

图2-37 利用顶棚造型分割空间

（五）居住空间私密性划分

从私密性上划分主要有封闭式划分、半封闭式划分和开敞式划分。

1. 封闭式划分

采用封闭式划分的目的，是对声音、视线、温度、气味等问题进行隔离，形成独立的空间。这样相邻空间之间互不干扰，具有较好的私密性，一般利用现有的承重墙或现有的轻质隔墙隔离。主要是卧室、卫生间、厨房等。

2. 半封闭式划分

采用半封闭式划分，即局部划分的目的，是减少视线上的相互干扰。对于声音、温度等设有分隔。局部划分的方法是利用高于视线的屏风、家具或隔断等。这种分隔的强弱因分隔体的大小、形状、材质等方面的不同而不同。局部划分多用于大空间内划分小空间的情况。

3. 开敞式划分

开敞式划分（见图2-38）对于空间在声音、视线、温度等分割要求不高，这种划分在空间上是紧密联系的。

图片来自巴黎Nolinski酒店

图2-38 开敞式划分

四、操作案例

（一）设计说明

本案坐标为重庆保利山庄，独栋别墅，是一个混搭的空间，有中式的茶桌、欧式轻奢的卧室床、现代精工的厨房……功能齐全、陈设品丰富，既充分地利用了空间，又体现了业主的文化修养和艺术品味。

总体定位：简约的线条、精湛的工艺，充分地展现了材料颜色搭配之美和材料质感之美、自然、低调而高级，结合主人的喜好，针对性地展开设计。

在整体空间分割上，我们遵循此类别墅的功能设计，一层为公共活动区，二层为家庭成员区，负一楼为休闲空间。对三层楼的空间都进行了重新规划和分隔，丰富了功能，规划了动线，同时增加了客房数量和储藏空间，进一步完善了使用功能。

动线设计充分尊重使用功能，利用隔墙和家具，划分出统一的人流动线。各个功能围绕这一流线展开，公共区域与私密空间相得益彰。

（二）设计图纸

1. 原始平面图

原始平面图能清楚地看到原有房屋结构，明确了承重墙和剪力墙的位置、给水排水预留孔的位置、配电箱的位置，如图2-39～图2-41所示。

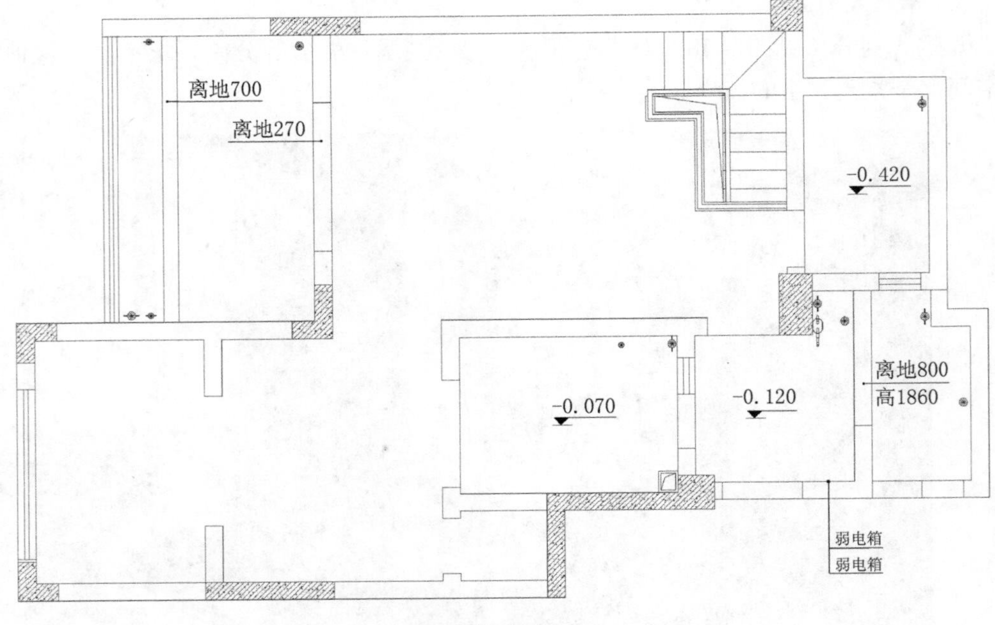

图片自绘

图2-39　一层原始结构图

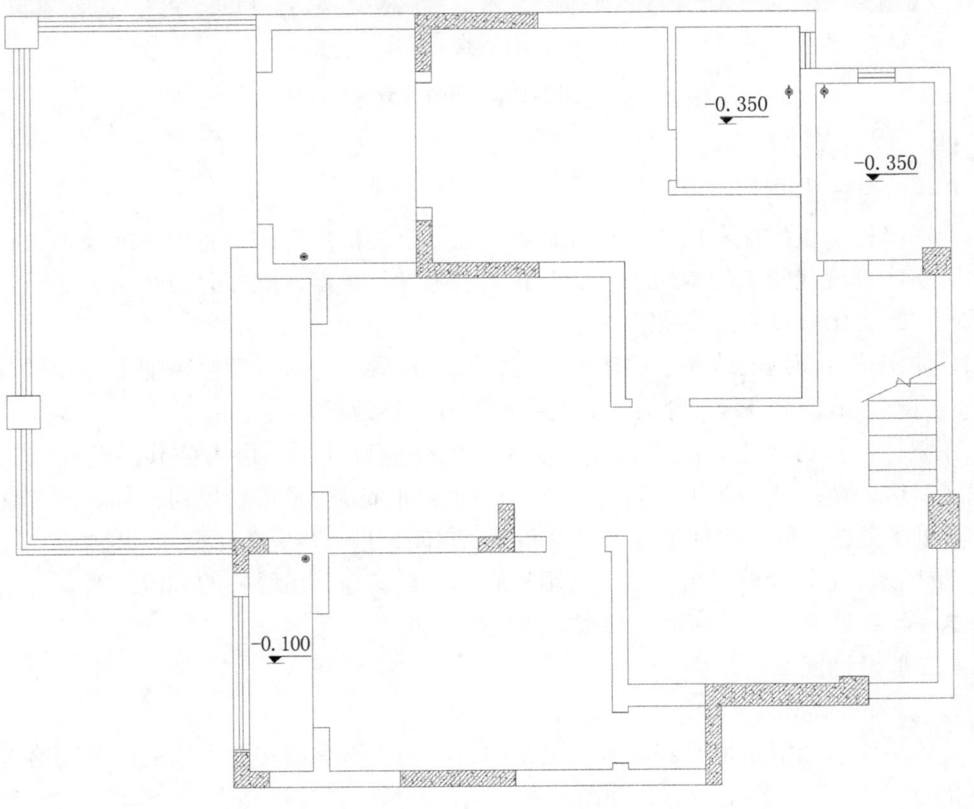

图片自绘

图2-40　负一层原始结构图

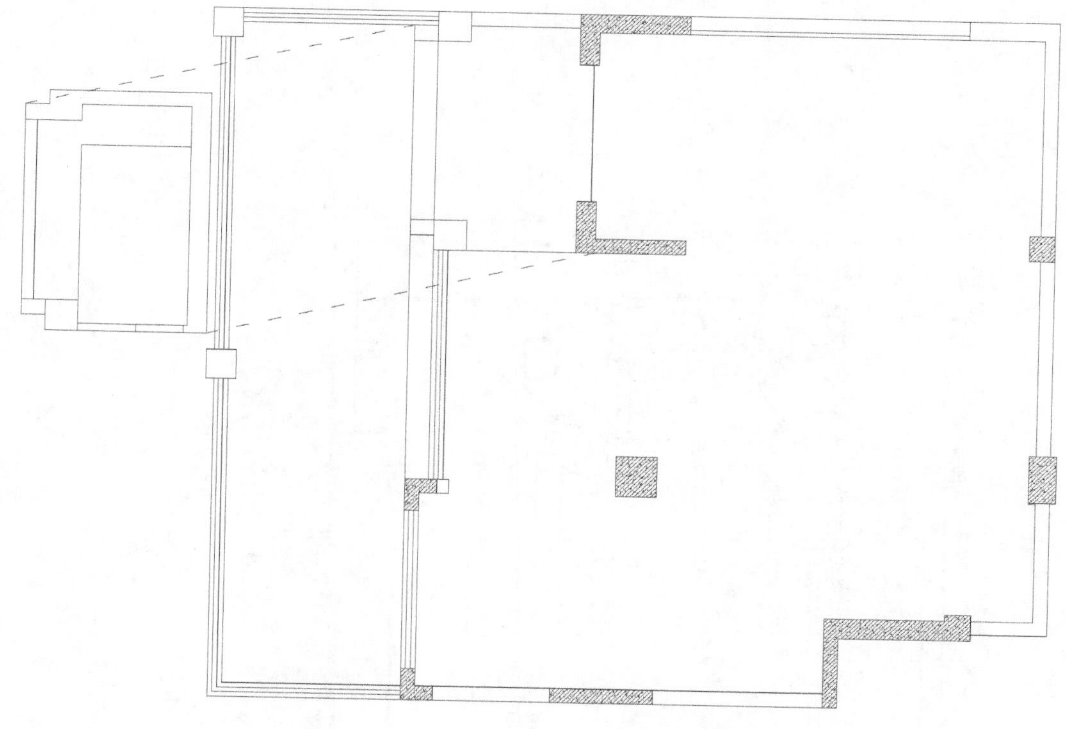

图片自绘

图2–41 负二层原始结构图

2. 拆除放样平面图

拆除放样平面图是根据室内设计的方案，把需要改动的建筑表示出来，施工队可根据图纸先改建筑，然后进行装饰施工。

拆除放样平面图主要表示为两部分：一是新增的墙体，二是拆除的墙体，新增的墙体使用什么材料也可以在图上反映出来。

平面布置图主要表示设计的平面意图。平面布置图是设计最重要的表示手段，平面确定了，空间的使用功能也就基本确定了，所以平面布置图的重要性不言而喻，见图2–42~图2–44。

3. 地面铺装平面图

地面铺装平面图的目的性很强，主要表示地面材料和高差。材料方面主要包括地板的朝向、地砖的规格和拼贴方法等。

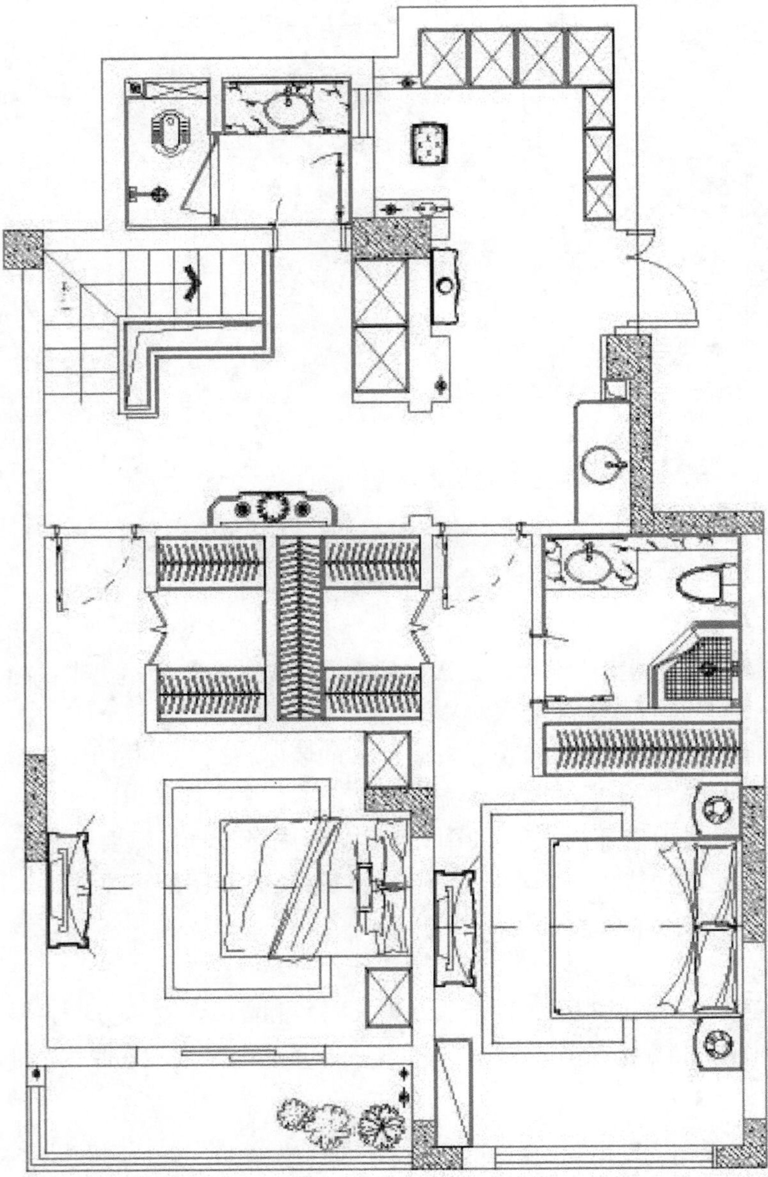

图片自绘

图2-42　一层平面布置图

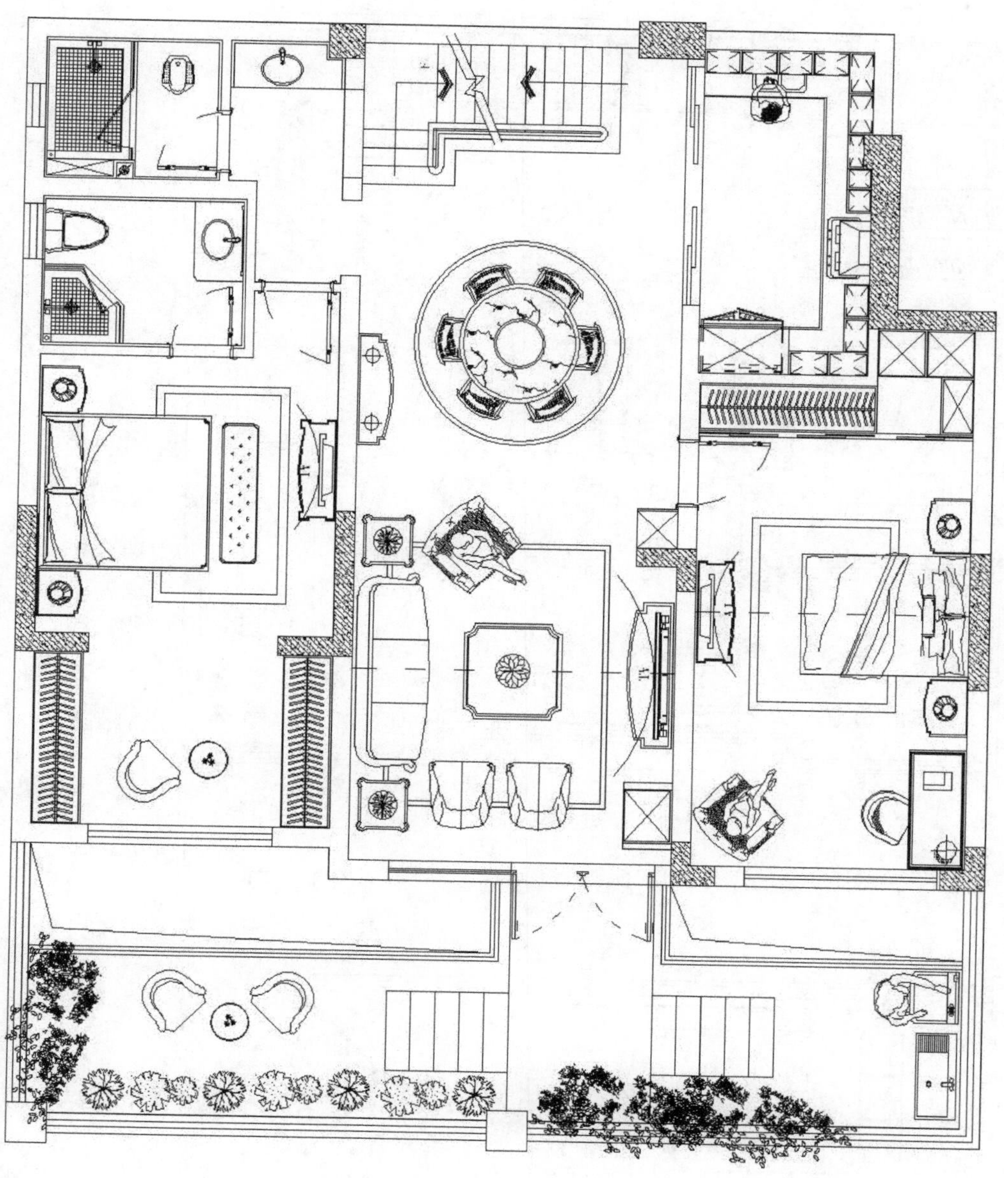

图2-43 负一层平面布置图

图片自绘

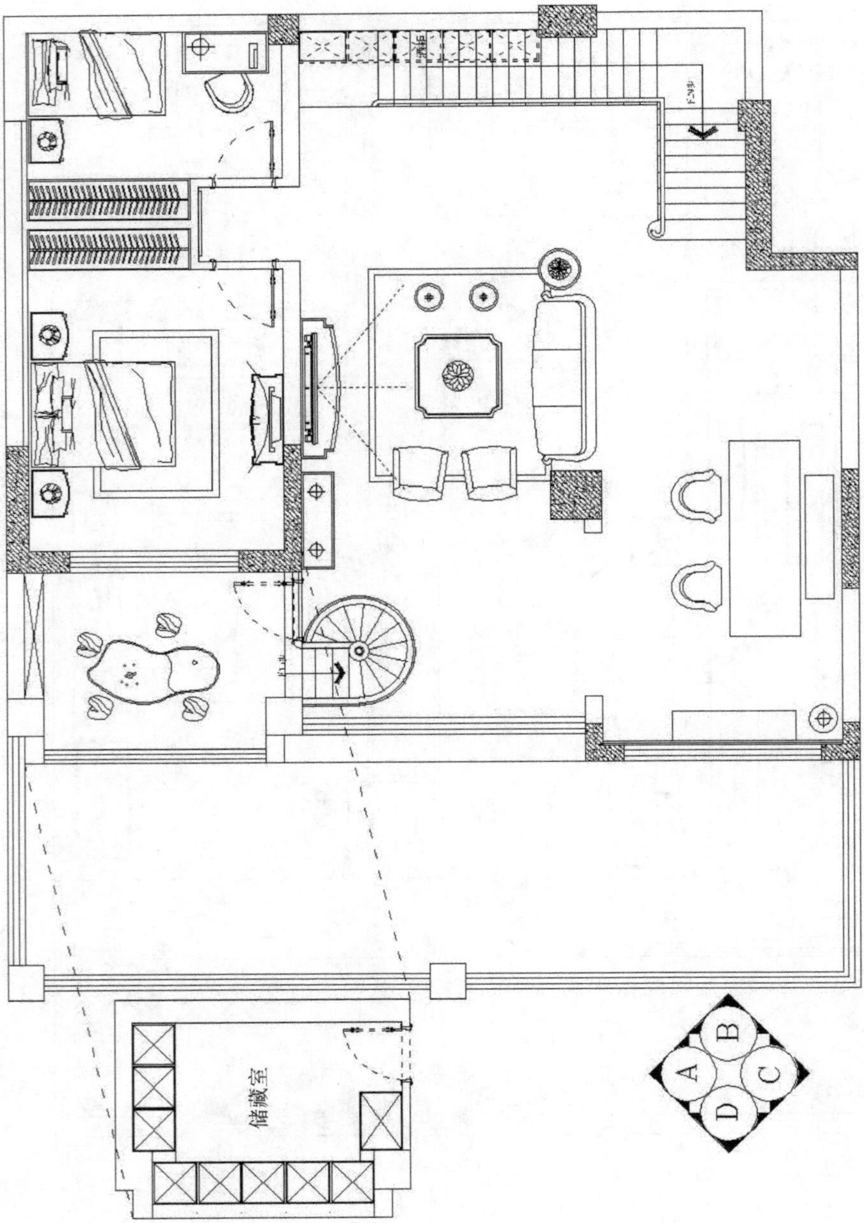

储藏室

图片自绘

图2-44 负二层平面布置图

4．顶棚平面图

顶棚平面图表示的是顶面装饰状况，包括吊顶状况、顶面标高、灯具位置、灯具种类、检修口等，有消防烟感、喷淋和报警器，还可以标出位置。

五、作业与训练

通过学习各种真题项目内容，分析客户信息，应对各种不同状况。

六、思考与拓展

设计是从模仿开始的，不懂得思考的模仿只能是抄袭，调研并思考总结是设计创新的前提，做到“做中学，学中做”。

任务五　玄关的设计

一、学习目标

内容	目标
玄关的使用功能	熟悉
玄关的装饰要点	掌握

二、任务分析

该任务属于技能型内容，这部分内容为学生完成任务提供步骤和方法。

三、相关知识

（一）玄关的作用

玄关是转换心情的场所，当我们要出门的时候，坐在玄关穿鞋，不知不觉就越来越精神。当人们辛苦了一天回家，坐在玄关脱鞋，能感觉到舒适和放松。相反，不管是在自己家或别人家，脱了鞋之后心情都会如释重负。当然，并不是到了玄关就非脱鞋不可，重点是，所谓“室外”的那条线，界定在住宅的哪个地方。

（二）玄关的位置

不是所有的中国人都熟悉玄关的概念，通常指大门入口处连接室内前厅的空间，因为玄关的装饰直接影响人们进屋的心情，给入户的第一印象，所以在装饰上应该给予足够的重视。

（三）玄关的常见类型

1．长条形

长条形为有深度的细长型，见图2-45、图2-46。

图2-45 有深度的细长型玄关

图2-46 借助鞋柜分隔出细长型玄关空间

2. 玄关与其他空间无墙体分隔

玄关与其他空间无墙体分隔主要是指有宽度的宽大型，见图2-47。

（1）垂直于入户门分隔玄关区域。

（2）借助隔断分隔玄关空间，见图2-48。

图2-47 有宽度的宽大型玄关空间

图2-48 借助隔断分隔玄关空间

（四）玄关内鞋柜的尺寸及位置

玄关内鞋柜的尺寸及位置示意见图2-49。

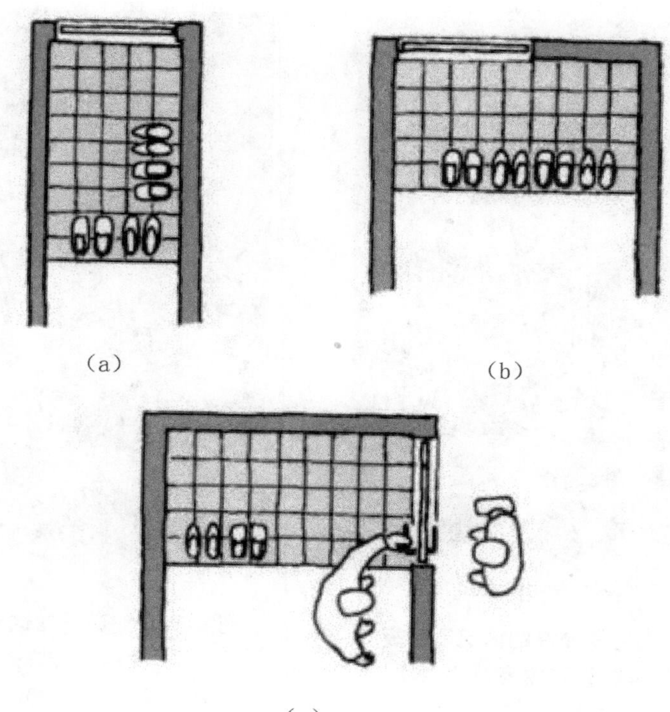

(a)　(b)

(c)

图片来自《住宅设计解剖书》

图2-49

（五）装饰要点

（1）地面。地面主材可以跟客厅一致，也可以用装饰线条与厅区别开来，要求便于清洁，同时可以对空间起到划分作用。

（2）顶面。可结合照明灯具，也可以做一些造型，营造氛围的同时起到划分空间的作用，由于空间不大，成本也不高。

（3）立面。在规划平面的时候，很容易自然生成立面格局，在玄关空间中结合使用功能做装饰是常用的手法，玄关柜和屏风隔断是最容易出效果的。

（4）灯具。暗藏灯带或者嵌入式灯具。

（5）光源。入户光源可采用暖黄光，给人舒适温馨的感觉。

（六）基本设备

注意强电总开关的位置。

鞋柜是玄关的必备，可根据户型情况，尽可能大的设置鞋柜储藏区域。

四、操作案例

从玄关的设计主要体现在采光和收纳上，左侧墙面没有做成窗户，而是设计成构成、采光和陈列三种功能的方孔，在立面上整齐地排列着，方孔上陈列着小的装饰品，同时光线从孔中透进来，营造一种居家的氛围，并有效控制了亮度；收纳柜做了一个造型，同样突出了装饰效果，虽然收纳空间有限，但使用还是很方便，整个构图比较好，见图2-50、图2-51。

图片自摄于重庆棕榈泉

图2-50　在空间允许的情况下，玄关还具有陈列和休闲的功能

图2-51　对着门做这样一个壁式的玄关柜，装饰效果明显

五、作业与训练

通过学习各种真题项目内容，分析客户信息，应对各种不同状况。

六、思考与拓展

设计是从模仿开始的，不懂得思考的模仿只能是抄袭，调研并思考总结是设计创新的前提，做到"做中学，学中做"。

任务六　门的设计

一、学习目标

内容	目标
居住空间中门的大小	掌握
居住空间中门的位置和开启方向	掌握

二、任务分析

该任务属于技能型内容，这部分内容为学生完成任务提供步骤和方法。

三、相关知识

在我国的住宅空间中，门主要有入户门和其他房间门两大类。入户门以金属质门居多，通常是交房时即存在的。其他房间门以木质、玻璃推拉门、合金门居多。

门是开启居住空间的关键要素，我们来思考每天进出的那扇门。如图2-52所示有4个相同的房间，相同大小的门配置在同样的位置，都采取单开推门的形式，但开门方向各不相同。

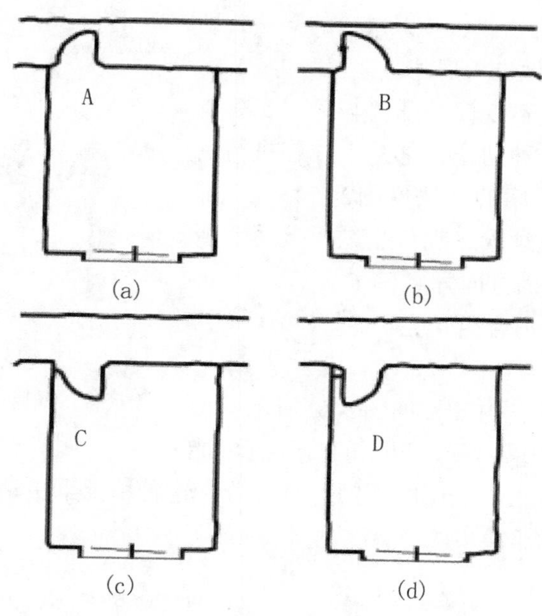

图2-52

同样一扇门有4 种开门方式，哪一种才是最合理的？只要大家稍微回想一下生活中的门。就很容易知道答案（在建筑设计学生的作业中，弄错的人不在少数）。但为什么门非得这样开？让我们重新探究一下开门的奥秘吧！

门，不只是门。门的朝向对了，人就活得舒适自在，没有压力！

门会配合身体的动作，内开的情况居多。

如图2-53所示，有4种开门方式。其中，A与B是外开，开门的时候很可能撞到走廊上行走的人，相当危险，显然不合理。可见，不论哪一种居室首先要记住，基本上“门以内开为原则”。那么C与D相比，哪一种更好呢？该图中似乎D更顺眼，为什么？

一开门手就可以碰到电灯的开关？常开门所以把门挡装在墙壁上？不，这些都不是最重要的。

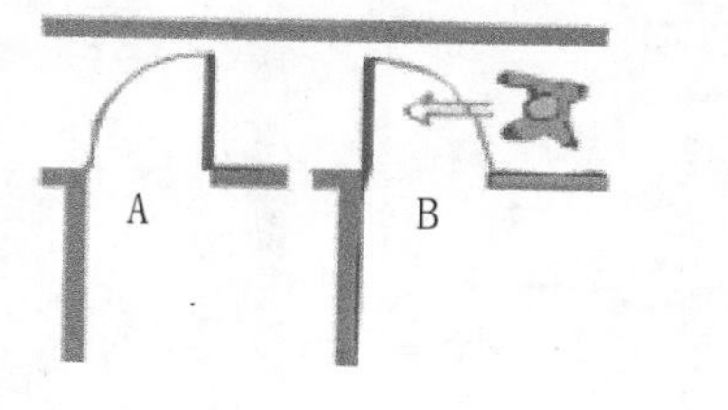

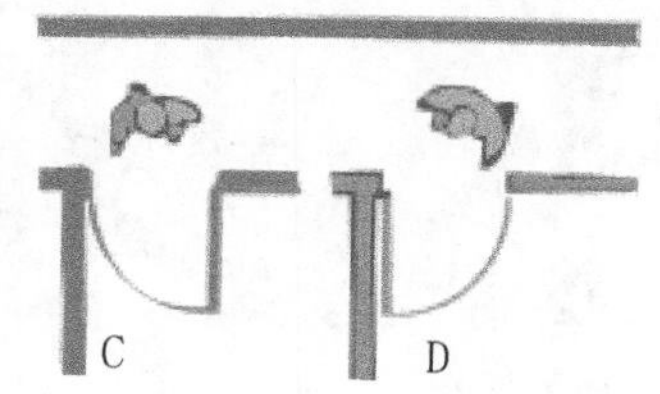

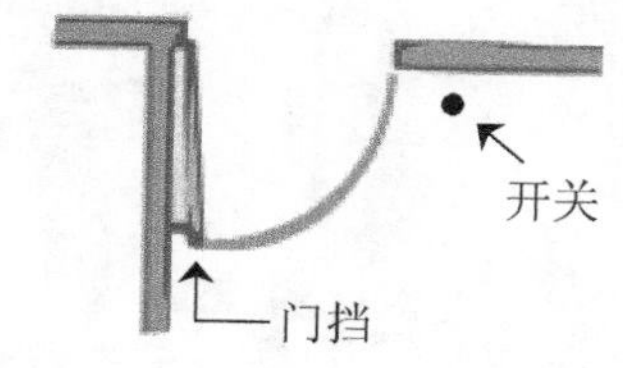

图片来自《住宅设计解剖书》

图2-53

门必须忠实地跟随人体的移动。如图2–54（a）所示，这道门如果没有完全打开，人就很难顺利进入室内，而且通过时还会受到墙面与门板两侧的包围，会产生压抑感。如图2–54（b）这样的开法，即使门只开一半也能顺利地进入房间。

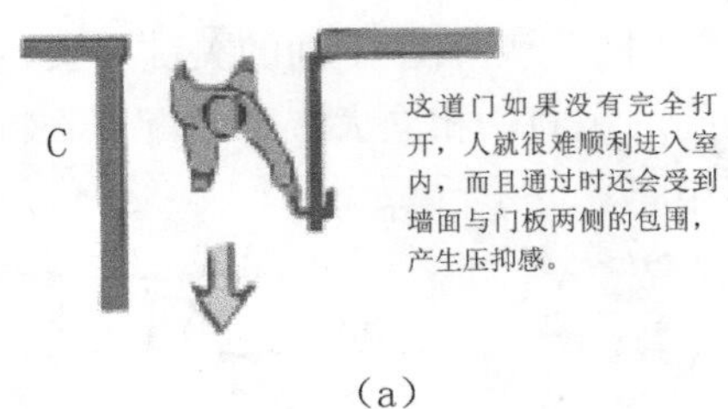

（a）

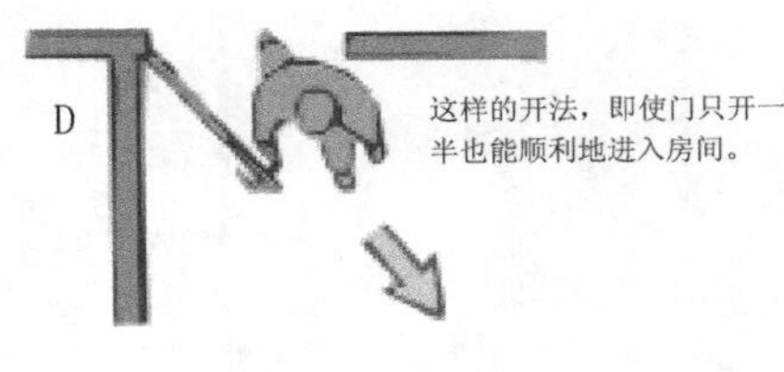

（b）

图片来自《住宅设计解剖书》

图2–54

人的动作很优美，不仅仅是开门与关门，日常生活中站、走、坐等种种动作，都是人体在进行一连串优美的移动，如果门的开法像图2–54（a）那样，可能会让人有一点烦躁，动作也缺乏美感，所以务必将门设计成往墙面方向开启！

门在哪些情况下不适合内开呢？

（1）仓库的门。

通常仓库的门不适合内开，如图2–55所示，但也有例外，仓库的门如果内开，里面的货物有可能阻碍开门关门，而且有人在仓库时，门一直开着，这种情况下更适合外开。当然双片式的折叠门或者推拉门也非常实用。

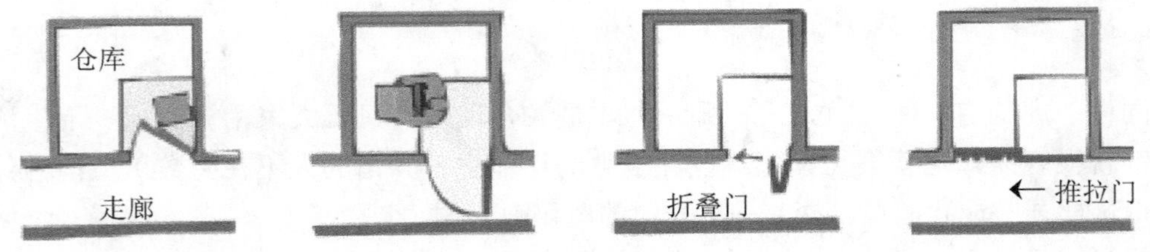

图片来自《住宅设计解剖书》

图2–55　仓库的门

（2）厕所的门。

内开门最不适合的是厕所，如图2–56所示。如果厕所有人突然身体不适，需要从外面进去救助，内开门反而会成为障碍。所以，尽可能选用可以从外面直接拆卸的门或者推拉门。不过需要注意的是，推拉门大多数隔音效果不好。

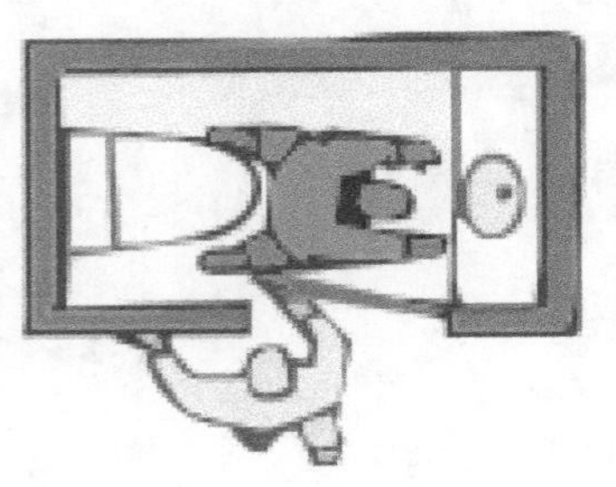

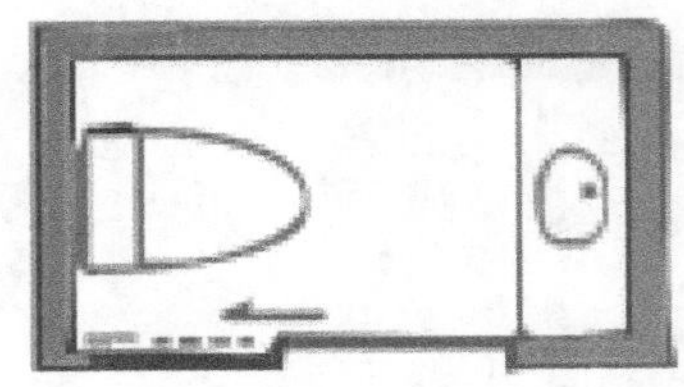

图片来自《住宅设计解剖书》

图2–56

门的开口宽度介绍如下：

（1）推拉门的开口宽度很自由，见图2-57。

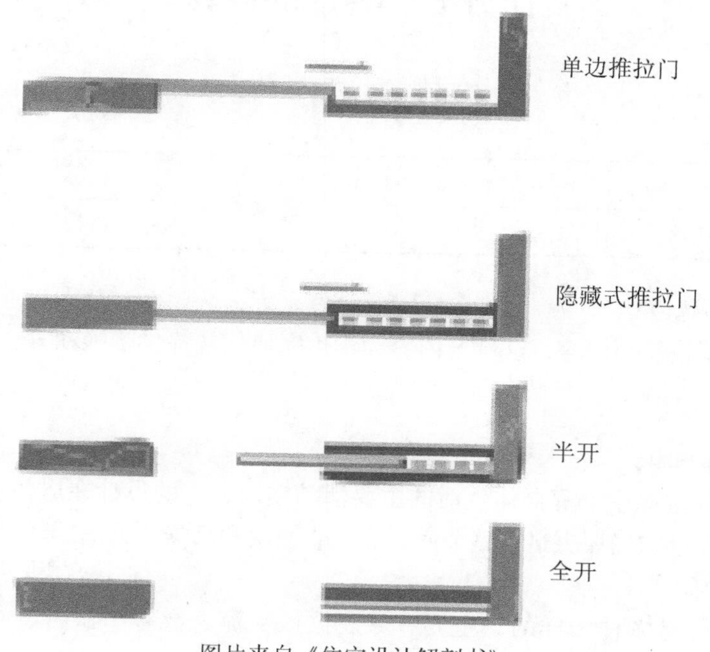

图片来自《住宅设计解剖书》

图2-57

首先，跟一般的门相比，推拉门有节约空间的优点，而且开门的幅度可以自由调整。一般的门不是开就是关，推拉门可以稍微开一点透气。

（2）平开门的常见宽度，见图2-58。

入户大门 1 250 mm，室内平开门900 mm。

（3）门的宽度取决于人们通过的目的。

设计门或调整门的时候，要把人体的动作和设置门的目的放在脑海中，才能设计出方便又舒适的门。

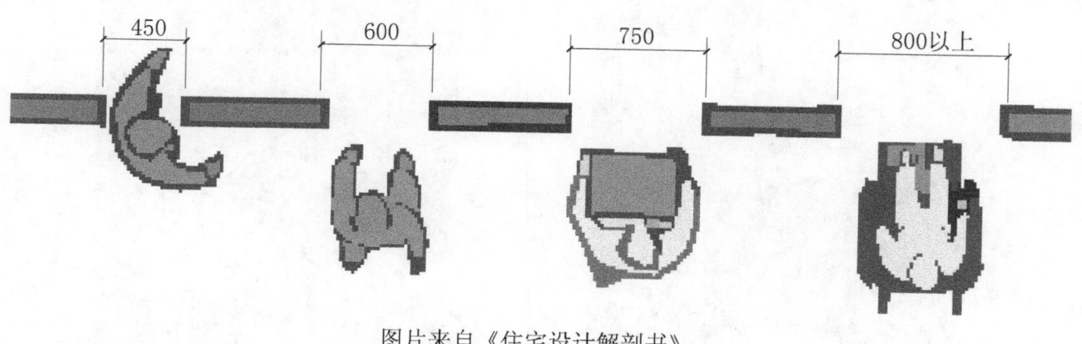

图片来自《住宅设计解剖书》

图2-58

任务七　客厅的设计

一、学习目标

内容	目标
居住空间中客厅设计的手段与方法	掌握

二、任务分析

该任务属于技能型内容，这部分内容为学生完成任务提供步骤和方法。

三、相关知识

（一）基本知识

客厅是居住空间中家庭群体生活的主要活动空间，它的设计在居住空间中处于最重要的位置，其设计的好坏决定了整个家庭的装修档次和品味，见图2-59~图2-64。

1. 使用功能

客厅的功能是多种多样的，主要有家庭聚谈交流、会客、试听、娱乐、阅读等功能，围绕这些功能展开设计。

2. 装饰要点

地面：地面材料一般只用一种材料，常用的材料有木地板、石材、地砖等，别墅也可能用地毯。色彩结合总体色调，一般比总体色调略深。

顶面：一般居住空间受建筑层高和成本的限制，不用大面积吊顶，局部做造型就可以，同时要考虑灯具的款式，集合顶面造型来完成设计。

图片自摄于重庆保利山庄

图2-59　在室内适当设计一些错层，会增加空间的变化

图片自摄于重庆保利山庄

图2-60　灰色的背景墙面时尚简约，能更好地衬托陈设品

图片自摄于重庆保利山庄

图2-61　米金咖的色调和谐统一，陈设品的造型和质感凸显低调奢华

图片自摄于重庆保利山庄

图2-62　具有个性或趣味的陈设品能快速点亮整个空间

图片自摄于重庆棕榈泉

图2-63　室内空间中同近似色明度对比突出视觉中心

图片自摄于重庆保利小泉

图2-64　色彩搭配是空间设计的重要要素之一

立面：在起居室的空间中，背景墙的设计是很重要的，其装饰手法和材料多种多样。西方传统起居室是对以壁炉为中心的主要墙面进行重点装饰的；现代装饰一般以电视摆放墙面为中心展开装饰，跟沙发背面的墙面相结合，有主有次，结合室内陈设布置，营造一种大气涵养和气度。

灯具：一般有吊灯和灯带，重点照明需要嵌入式的筒灯或者射灯。

（二）基本设备

起居室主要设备是空调，柜式的或挂式的单体空调需要从布局出发考虑，结合空调外机位置，中央空调要考虑顶面结构。

家具是起居室的重点，主要有沙发、茶几、电视柜等。

（三）操作案例

客厅的设计改动了一下，把常规的背景墙改到了对面，走道这边纯软装饰，和楼梯比较连贯，整体性更强；楼梯在客厅里已经脱离了楼梯本身，它现在就是一个大的道具，可以用来点缀整个空间，尤其是楼梯细节的处理，能够很好地体现设计的风格，在造型上对空间的穿插起到了很好的连接作用。客厅背景墙同样做了灯槽的造型，简洁大方，跟餐厅有一个对比，同样整体性好，如图2-65～图2-71。

图片自摄于重庆棕榈泉

图2-65　客厅电视背景墙

图2-66　客厅墙面用彩色漆，跟陈设的颜色互相映衬，也能起到很好的装饰效果

图片自摄于重庆棕榈泉

图2-67　嵌入式背景墙增加了展示和储物空间

图片自摄于重庆保利山庄

图2-68　沙发背景的墙面印画，桌面的陈设品相互“对话”

图片自摄于重庆保利山庄

图2-69　陈设艺术品点亮客厅楼梯转角

图片自摄于重庆保利山庄

图2-70　客厅的楼梯，连接了上下空间，细节中彰显品质

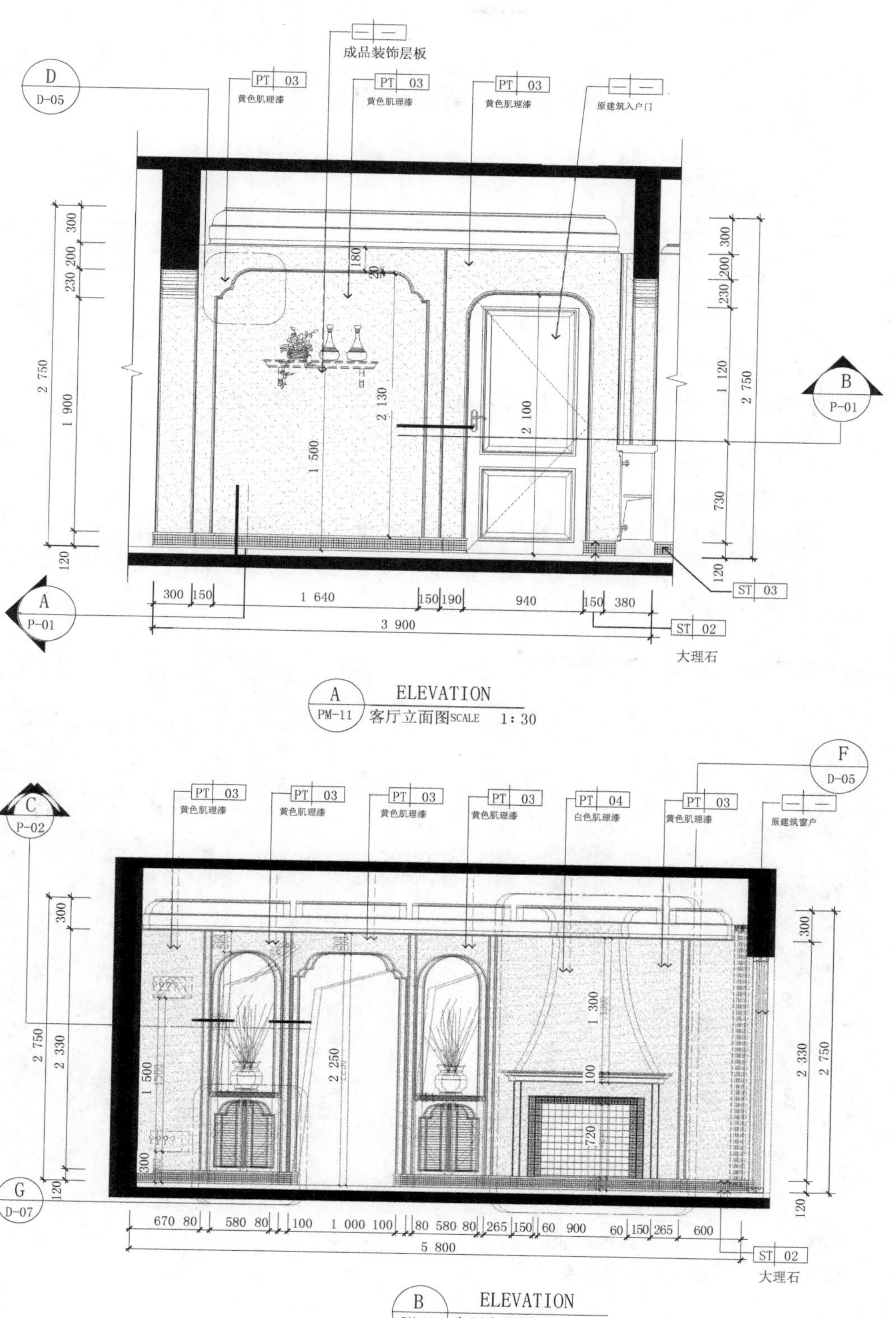

图2–71 CAD客厅立面施工图

任务八　餐厅的设计

一、学习目标

内容	目标
居住空间中餐厅设计的手段与方法	掌握

二、任务分析

该任务属于技能型内容，这部分内容便于为学生完成任务提供步骤和方法。

三、相关知识

（一）基本知识

良好的就餐环境会产生愉悦的气氛，使人充分享受用餐的乐趣。餐厅的设计可根据不同人的爱好、不同家庭生活与用餐习惯和不同的建筑环境设计出不同的风格，营造出各种情调和氛围的用餐环境，如图2-72~图2-74所示。

图片自摄于重庆棕榈泉

图2-72　餐厅首先要满足功能需求，根据空间、用餐人数决定饭桌尺寸

图片自摄于重庆保利山庄

图2-73　温馨的色调，舒适的座椅，能提高人的食欲

图片自摄于重庆保利山庄

图2–74 餐边柜能够丰富餐厅空间，形成空间小景

1. 使用功能

餐厅的功能相对单一，从餐桌发散开来，围绕餐桌椅周围的可能有吧台、餐边柜、酒柜等，这主要看空间的结构是否允许。

2. 装饰要点

地面：地面一般跟起居室一样，也可以有不一样的设计，常用的材料有木地板、石材、地砖等。

顶面：餐厅的顶面相对比较丰富，对称中心位置是餐桌，因为餐厅的功能很明确，就是为了就餐，而就餐者围绕餐桌就坐，自然就围合成一个中心。而顶面吊顶在坐着就餐时，不需要太高，同时餐厅面积一般也不会太大，所以一般吊顶都是可以做的，结合流行的吊灯，划分出一个完整的空间。

立面：在餐厅的空间中，墙面的设计是很实用的，单纯的装饰不会很多，而是通过吧台、餐边柜、酒柜等固定家具的设计进行点缀，尤其在餐厅与厨房之间，或者在餐厅与客厅的过渡空间中，造型、材质、灯光都可以结合得很好。

灯具：餐灯，还有灯带和嵌入式的灯。

（二）基本设备

餐厅的空调一般是和客厅连在一起的（中央空调除外)。

餐厅的家具主要有餐桌、餐椅和餐边柜。

（三）操作案例

本项目中，餐厅的改动很大，现有的位置本来是一个室外的小内庭，其作用主要是采光，而内庭本身并不好设计，因为这么小面积的内庭不会有阳光照到地面，这样就没有庭院的作用，所以现在把内庭做到室内，空间得到了充分的利用，同时又不影响本来采光的功能，同时在空间上连接了楼上楼下，挑空的结构为整个空间增添了很好的视觉效果。原来的餐厅空间做成了西厨房，丰富了使用功能，这一改动带来了很多的好处，如图2–75、图2–76所示。

图片自摄于重庆保利山庄

图2–75　餐桌小景

图片自摄于重庆保利山庄

图2–76　餐边柜小景

任务九　厨房的设计

一、学习目标

内容	目标
居住空间中厨房设计的手段与方法	掌握

二、任务分析

该任务属于技能型内容，这部分内容便于为学生完成任务提供步骤和方法。

三、相关知识

（一）使用功能

厨房的使用功能主要在烹调，围绕烹调流程展开的储放、清洗、操作、烹调的功能是动态的，使用物体的尺寸和人的活动尺度及电器的安排是设计的重点，见图2-77。

（二）厨房分类

（1）按使用功能分为西式厨房和中式厨房，有些住宅两者都有，由于中国人的烹饪习惯建议一般的中国家庭不要轻易设计成西式厨房，主要因为油烟问题不好处理。

（2）厨房使用功能的设计主要是以操作台面为主，台面的布置决定空间的利用率，除保证人操作流线所占的空间外，台面的长短说明厨房的利用率。按照这种利用率由高而低的排序，可以把厨房分为以下几类（见图2-78~图2-83）：

U形厨房：人在中间操作，三个面是台面，还有一个面是入口，这种形状的厨房利用率很高，见图2-78、图2-82。

洗涤区　（1）双眼水斗
（2）肥皂器
（3）提拉花洒（冷、热）
（4）沥水篮
（5）垃圾桶
（6）净水器

切配区　（1）刀具架
（2）砧板收纳
（3）干货储藏
（4）挂式微波炉
（5）果汁机、豆浆机
（6）台面操作及储藏
（7）柜下照明

图片来自《居住空间设计》（朱达黄）

图2-77

烹饪区	（1）双眼炉灶 （2）脱排 （3）调味架 （4）烹饪用具、置物架 （5）洗碗机（或烤箱、消毒柜） （6）柜下照明

储藏收纳区	（1）内藏式冰箱 （2）红酒收纳 （3）咖啡、茶类收纳

续图2-77

图片为自建三维模型

图2-78　厨房一：U形厨房

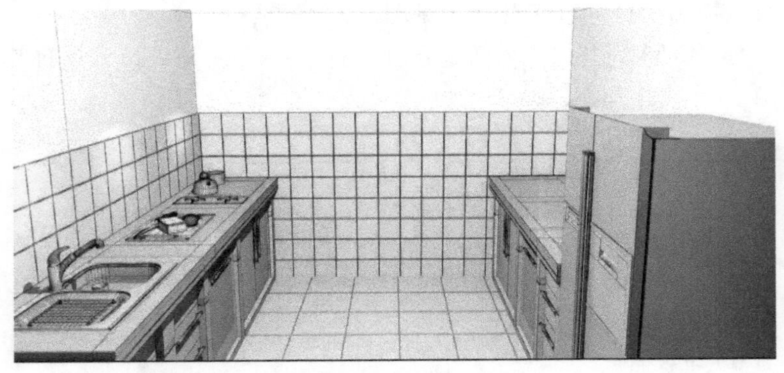

图片为自建三维模型

图2-79　厨房二：H形厨房

H形厨房：也叫平行型，这种厨房操作空间也是通过空间，台面在两侧，见图2-79。

L形厨房：沿连续两个墙面做的垂直台面。相对U形，L形厨房面宽小，除去操作空间，只能够做一面台面，见图2-80。

一字形厨房：只有单边台面的厨房。相对H形，一字形厨房面宽更小，同时操作空间也是过道，如图2-81。

图片为自建三维模型

图2-80　厨房三：L形厨房

图片为自建三维模型

图2-81　厨房四：一字形厨房

图片自摄于重庆华宇锦秀花城

图2-82　厨房五：U形开放式厨房实景照片

图片自摄于重庆保利山庄

图2-83　厨房六：厨房实景照片，简约的线条、精致的细节

四、操作案例

（一）案例分析：如何对“厨房的四大天王”进行布局设计

1. 厨房的“四大天王”

厨房里的设备不少（见图2-84），其中最具代表性的有冰箱、煤气灶、水槽，还有方砧板的操作区域。

图2-84　厨房里的“四大天王”

2. 思考厨房 “四大天王”的排列方式（见图2-85）

图片自制

图2-85 厨房里“四大天王”的排列方式

通常冰箱会放在厨房边上，如果冰箱放在左侧，厨房“四大天王”会有以下六种排列组合方式，见图2-86。

接下来，要考虑如何安排这“四大天王”的位置。一般冰箱放在边上，先假设冰箱放在最左边。然后向右呈一条直线排列，会出现图2-86所示的6种排列组合方式。

你们会怎么选择呢？

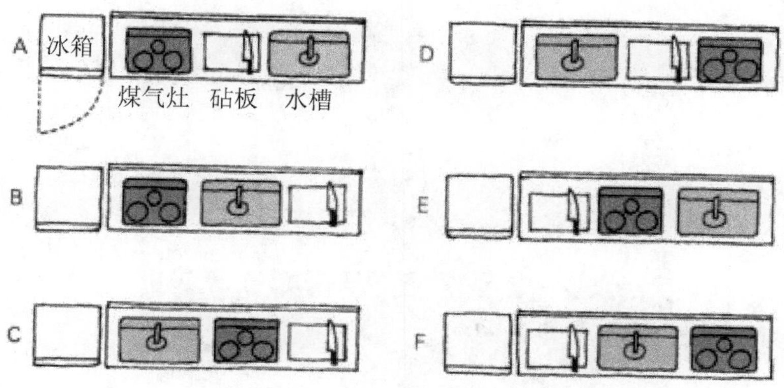

图片来自《住宅设计解剖书》

图2-86 厨房里“四大天王”的排列方式（冰箱放左侧）

厨房设备应该按照做菜的顺序来设置，如图2-87所示。

装饰要点：

地面：厨房地面一般需要耐磨、防水、易清洁，常用的材料有瓷砖、石材等。

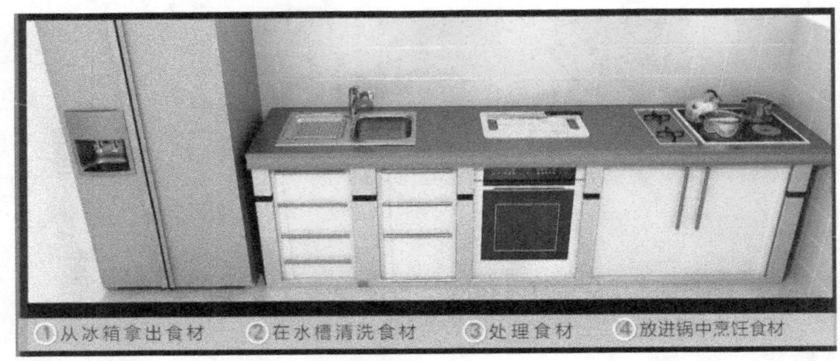

图片自绘

图2-87　厨房设备设置顺序

顶面：厨房的顶面相对比较单一，主要用防水、易清洗的金属扣板，也可以用防水的涂料。

立面：厨房的立面大部分可能被橱柜、操作台或者电器覆盖，其他部位使用耐磨、防水、易清洁的瓷砖或石材，立面空间的利用在厨房设计中比较重要。

灯具：一般都是便于清洁的嵌入式的灯具。

厨房的其他设备包括：冰箱、水槽、煤气灶、油烟机、热水器（大多数）、消毒柜、洗碗机、微波炉、电饭煲、烤箱、咖啡机、碎骨机等，见图2-88。

图片自摄于重庆华宇锦秀花城

图2-88　厨房的洁具配合厨房设计风格，水龙头的外形凸显设计感和品质感

厨房设备除了前面提到的“四大天王”，较其他空间的家居设备相比，有一定的危险性，所以我们在设计好厨房的同时更要注重设计的合理性，如图2-89所示。

图片来自Tobi architects，http://tobiarchitects.com/portfolio/heywood/

图2-89　厨房和相邻空间的关系和谐统一

还要结合烟道、下水管道、煤气管等位置进行设计，见图2-90所示。

图片来自Laura Hammett https://www.laurahammett.com/portfolio/surrey-family

图2-90　厨房对储物空间的利用能体现设计师对生活的理解

厨房占地面积最大的是橱柜。橱柜按空间位置分为吊柜和地柜，地柜结合操作台面设计，主要有碗盘架、米箱、调味架、垃圾筒位等。吊柜主要是储存功能。

按施工工艺分为整体橱柜和组合式橱柜两种。组合式橱柜指橱柜结构部分用砖和水泥砂浆砌筑，橱柜面板和柜门买成品组装，如图2-91所示。

图片自摄于重庆保利山庄

图2-91　L形厨房是最常见的形式

在设计冰箱位置时要留有一定空间，一般单门冰箱预留宽度为750 mm，双门冰箱预留宽度为1 100 mm，受空间限制也可以适当减小，但必须保证冰箱门能放到预留位置，预留距离且还要注意冰箱散热风扇的排风位置。

水槽一般放在靠窗的地方便于采光，注意污水管的位置。煤气灶一般跟油烟机、消毒柜一起设计，是比较流行的三件套组合。煤气灶不要靠窗太近，会有风影响火苗；也不能离水槽太远，两者之间预留切菜的位置就可以，同时台面要连贯，防止水流到地上。煤气灶的宽度要看油烟机的宽度。同时，煤气灶要考虑煤气管和烟道的位置。

热水器主要是考虑强排风，所以一般要靠近外墙，同时保持通风也是热水器安装的必须要求。

微波炉和电饭煲的位置可以放在台面上，也可做在橱柜里，只要预留电源就可以。

烤箱、咖啡机和碎骨机并不是每个户型都需要的，这要看业主的要求。

（二）操作案例

这一案例中厨房很大，得益于中庭的改建，空间很舒服，同时分成中西两部分。中式厨房的面积不大，但很实用，同时可以把移门打开，与西式厨房连成一片就更加宽敞。西式厨房操作平台的设计很合理，使用也方便，巧妙地通过管道井的分隔，不仅空间不受其影响，反而丰富了空间的变化，这都得益于尺度的把握，西式厨房另一面在原来卫生间的基础上，结合原餐厅的空间，分隔成冰箱位、卫生间和保姆房，空间一下子丰富很多，使用功能上也提升了档次。各个面都很完整，各内部空间错落有致，很容易出效果，如图2-92~图2-96。

图片来自Bergman&Mar，https://mp.weixin.qq.com/s/OK-eqX3oR2jH3uv9qrPkYw

图2-92 西式厨房的操作台面是设计重点

图片来自Nuria Alia，http://www.nuriaalia.com/portfolio-item/fernan-gonzalez-madrid/

图2-93 厨房空间也可以充满花鸟瓜果香

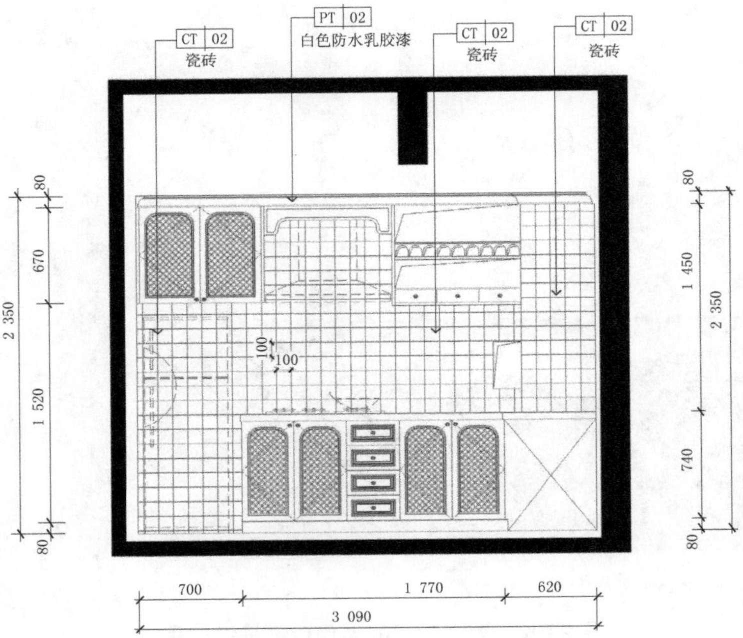

CT 02 瓷砖
PT 02 白色防水乳胶漆
CT 02 瓷砖
CT 02 瓷砖

80 670 1 520 80 2 350
80 1 450 740 80 2 350
100 100
700 1 770 620
3 090

A ELEVATION
PM-11 立面图 SXALE 1:30

— — 原建筑窗户
CT 02 瓷砖
PT 02 白色防水乳胶漆

80 1 450 740 80 2 350
80 1 450 740 80 2 350
100 100
620 470 2 050
3 140

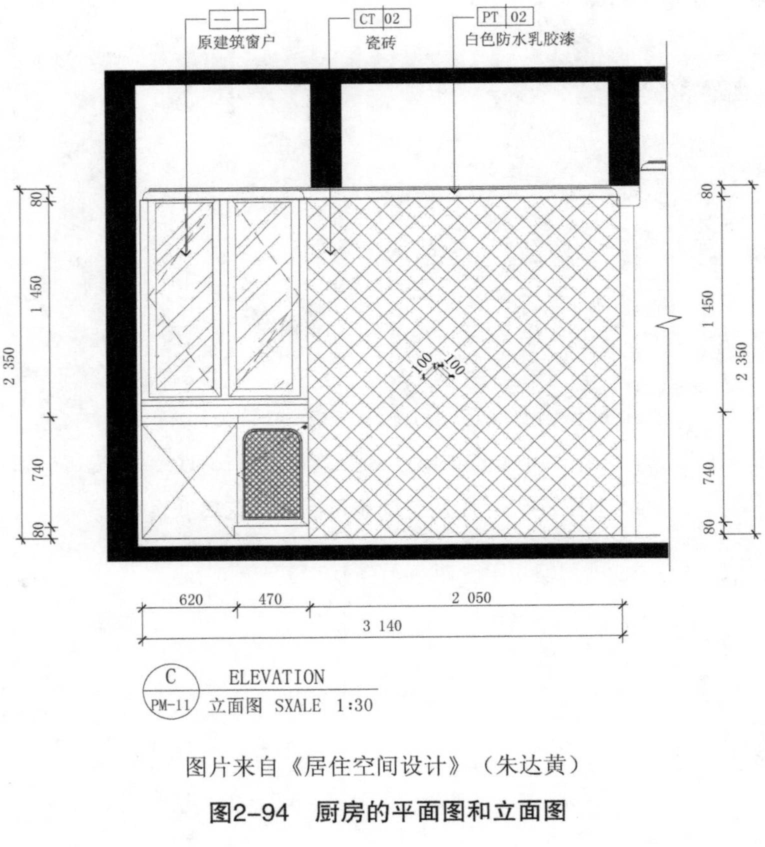

C ELEVATION
PM-11 立面图 SXALE 1:30

图片来自《居住空间设计》（朱达黄）

图2-94　厨房的平面图和立面图

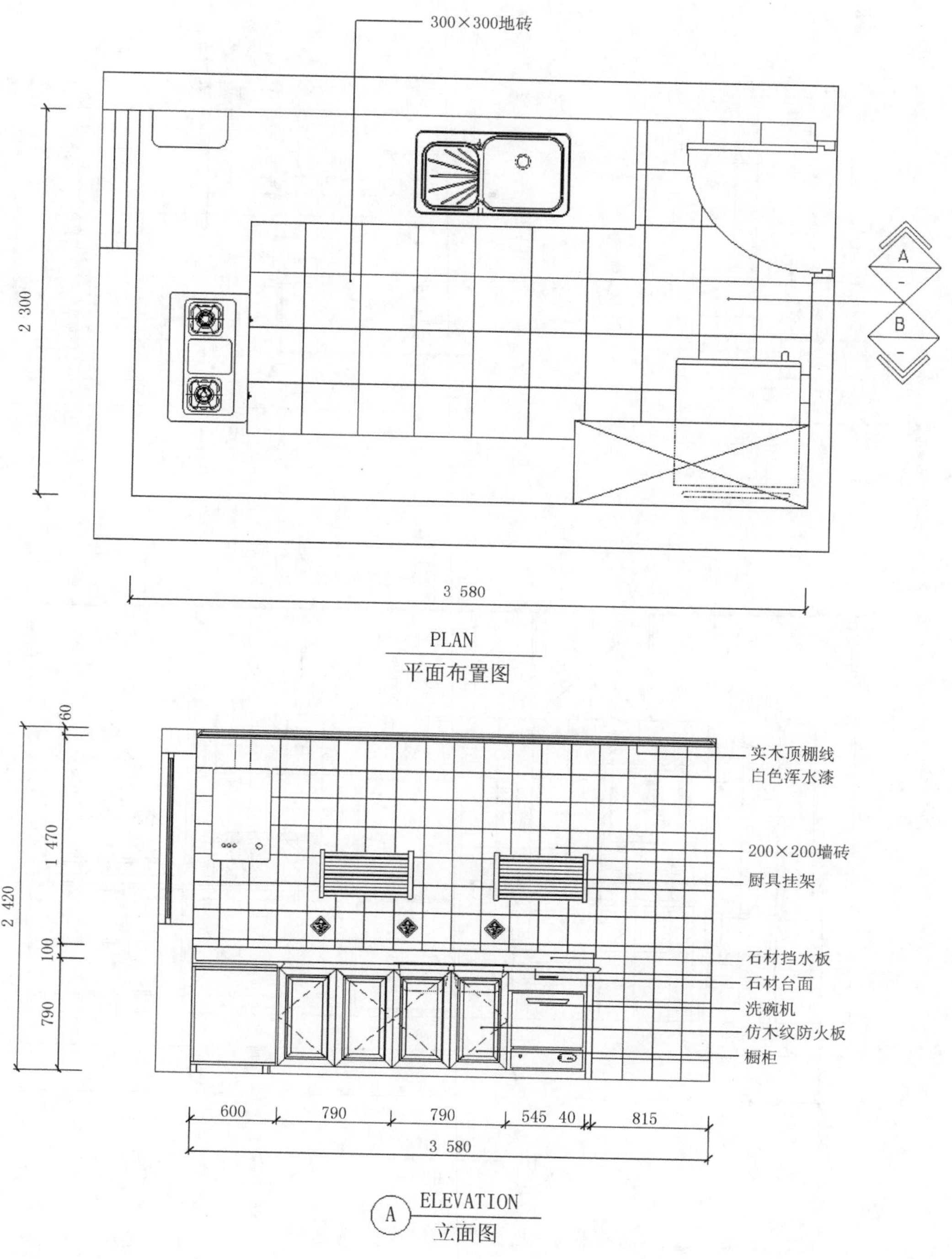

图片来自《居住空间设计》（朱达黄）

图2-95 厨房立面图一

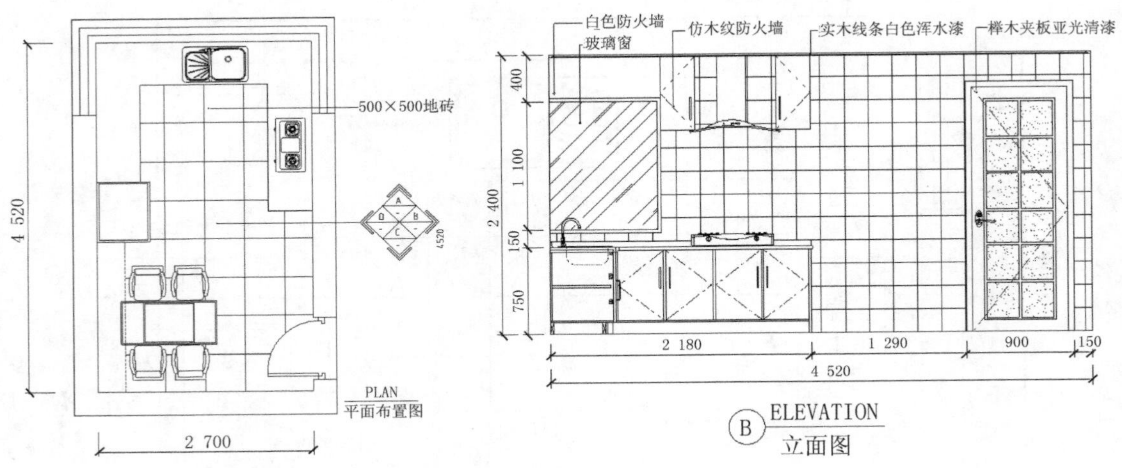

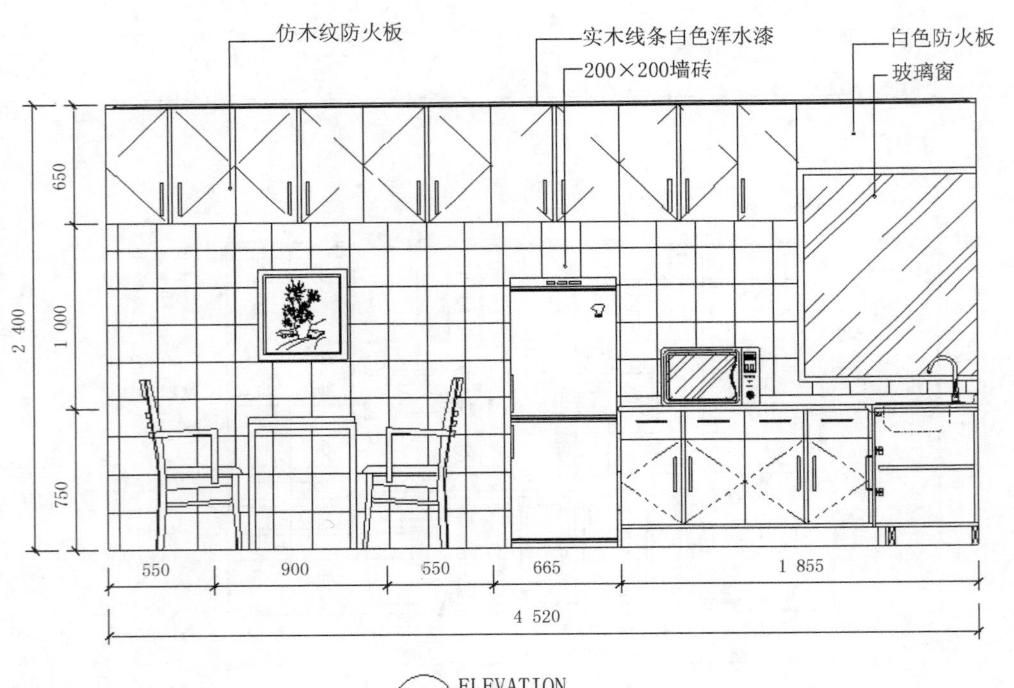

图片来自《居住空间设计》（朱达黄）

图2–96　厨房立面图二

任务十 卧室的设计

一、学习目标

内容	目标
居住空间中卧室设计的手段与方法	掌握

二、任务分析

该任务属于技能型内容，这部分内容便于为学生完成任务提供步骤和方法。

三、相关知识

卧室的主要功能是睡眠区域，也是居住环境中必须重点打造的场所。随着生活条件的不断提高，卧室空间在睡眠的基础上又增加了不少辅助功能。

（一）使用功能

卧室的使用功能主要是睡眠，舒适性和私密性是卧室设计的重点，在空间上必须保证家具的摆放。

1. 卧室分类

卧室有主卧、次卧、客卧之分。

主卧室：主人的房间，可能有独立的衣帽间和卫生间连在一起，空间限流要考虑合理。

次卧室：包括老人房和儿童房(见图2–97），不同的家庭成员设计的要求也不一样。

图片自摄于重庆永川金科

图2–97 女孩房的设计，圆满女生的公主梦

客房：一般作为多用途的房间设计。

2. 装饰要点

卧室的装饰见图2-98~图2-105。

地面：以地板为主，局部可能铺设艺术地毯。

顶面：一般公寓可能不需要吊顶，也可做一些造型顶。

立面：墙面可以用温馨色彩的乳胶漆，也可以用墙布。背景墙一般做在床的背面，以木饰面和软包为主。

灯具：一般不使用直射灯具。

图片来自Kit Kemp 的酒店客房设计

图2-98　陈设与墙面的处理是卧室设计永远的主题

图片来自Kit Kemp 的酒店客房设计

图2-99　窗帘、抱枕、床品采用同种布料，私人定制的精致细节

图片自摄于重庆保利山庄

图2-100　卧室尽量避免使用直射光源

图片来自Laura Hammett，巴特西公园联排别墅

图2-101 巧用床头背景，增加主卧收纳空间

图片来自Kit Kemp 的酒店客房设计

图2-102 软装饰品的颜色和卧室空间和谐统一

图片来自Atmosphere，加拿大

图2-103 卧室的墙布、柔软的床品、白色的地毯，使房间看上去舒适整洁

（二）基本设备

房间一般有壁挂式空调（中央空调除外）。

卧室主要有床、床头柜、衣橱等家具。

（三）操作案例

老人房（或客房）的设计采光很好，南面有很大的窗，北面靠近中庭，拉上窗帘床头灯光的效果也很好，氛围很舒适，利用建筑结构布置了一个书桌，增加了使用功能，合理地利用了空间，如图2-104所示。

图片自摄于重庆保利山庄

图2-104　客卧简洁中不失细节

儿童房墙面色彩很柔和，空间不需要过多的装饰，把空间的发挥留给房间的主人，如图2-105~图2-107。

图片来自Nuria Alia

图2-105　儿童房，充满了童趣

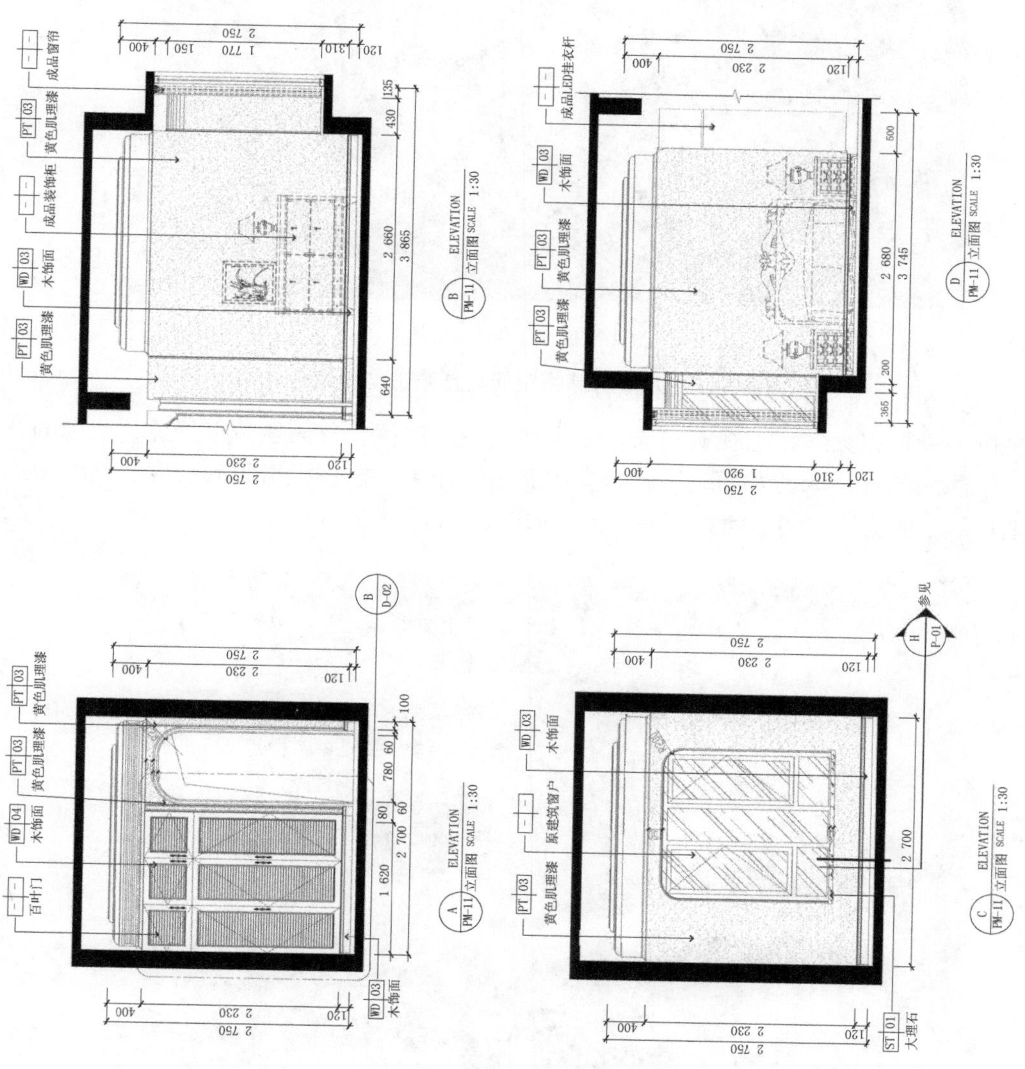

图2-106　女孩房和客房立面图

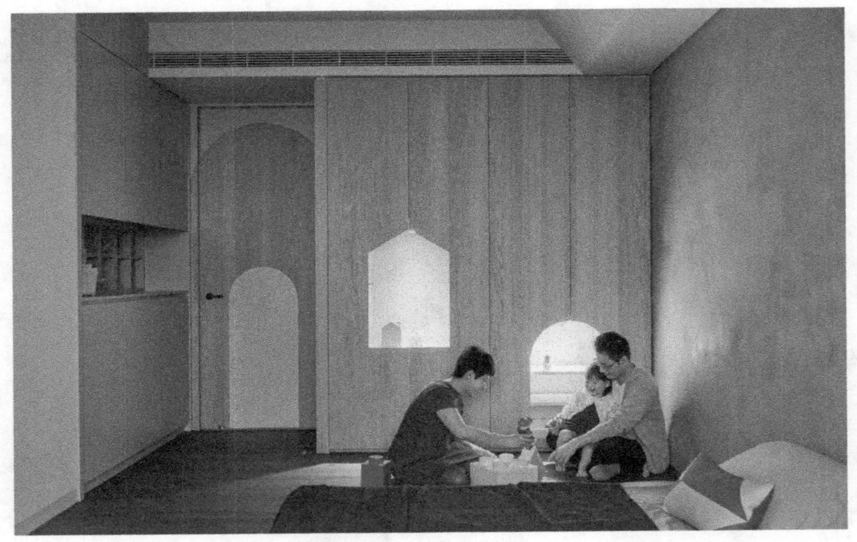

图片来自HAO Design

图2-107　儿童房储物空间与创意造型相结合

主卧的设计很大气，电视机与衣柜结合成为一个整体，背面软包很舒适，蓝色的背景给人宁静的感觉。床的背面做了一个整体储柜，作用是拉短了房间的长度，同时增加了收纳功能，因为衣帽间空间并不是很大，如图2-108、图2-109。

图片来自HAO Design

图2-108　电视机与衣柜结合为一个整体

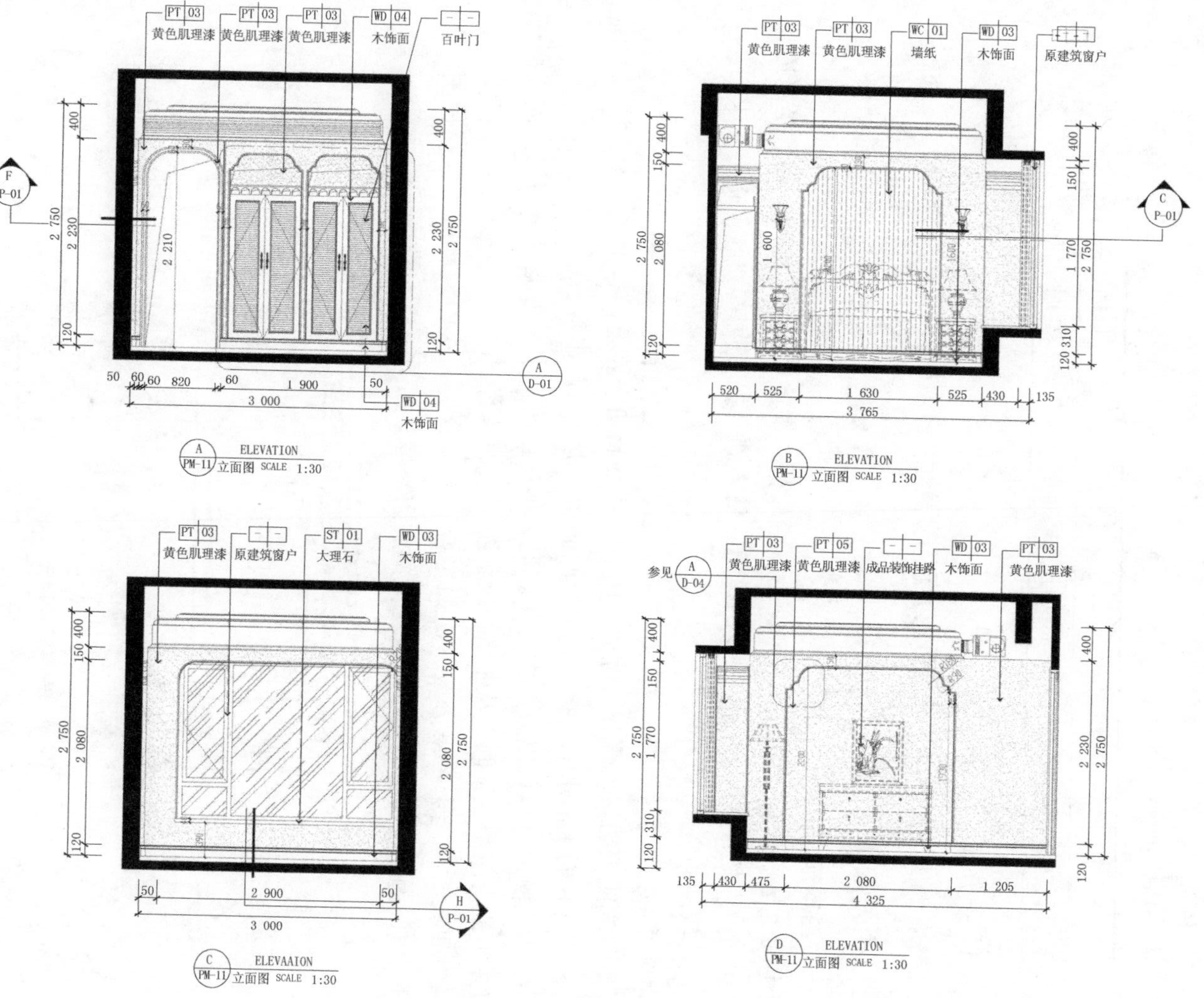
PT 03
黄色肌理漆
PT 03
黄色肌理漆
PT 03
黄色肌理漆
WD 04
木饰面
百叶门
WD 04
木饰面
A
PM-11
ELEVATION
立面图 SCALE 1:30
PT 03
黄色肌理漆
PT 03
黄色肌理漆
WC 01
墙纸
WD 03
木饰面
原建筑窗户
B
PM-11
ELEVATION
立面图 SCALE 1:30
PT 03
黄色肌理漆
原建筑窗户
ST 01
大理石
WD 03
木饰面
C
PM-11
ELEVAAION
立面图 SCALE 1:30
参见
PT 03
黄色肌理漆
PT 05
黄色肌理漆
成品装饰挂路
WD 03
木饰面
PT 03
黄色肌理漆
D
PM-11
ELEVATION
立面图 SCALE 1:30

图2-109 主卧立面图

任务十一　卫生间的设计

一、学习目标

内容	目标
居住空间中卫生间设计的手段与方法	掌握

二、任务分析

该任务属于技能型内容，这部分内容便于为学生完成任务提供步骤和方法。

三、相关知识

（一）基本知识

卫生间也是居住空间中的必不可少的组成部分，是重要的功能空间，而且是舒适和个性化空间，人们往往愿意投入很多的财力、精力到卫生间的设计中。同时，卫生间又是私密性比较高的空间。

1. 实用功能

卫生间的使用功能主要分为洗浴和厕所，围绕此功能要设计马桶、台盆、浴缸和淋浴房等，随着人们生活水平的提高，卫生间的功能也越来越丰富。

卫生间从使用上也可以分为主卫和次卫。小户型面积小，可能只有次卫，大户型一般还有主卫或者多个卫生间，从私密性上说主卫更加私密。

卫生间有时可能会考虑分区，比如流行的干湿分类，这种设计可以提高使用的效率，但从空间的角度考虑，可能需要更大的空间支持，如图2-110~图2-113。

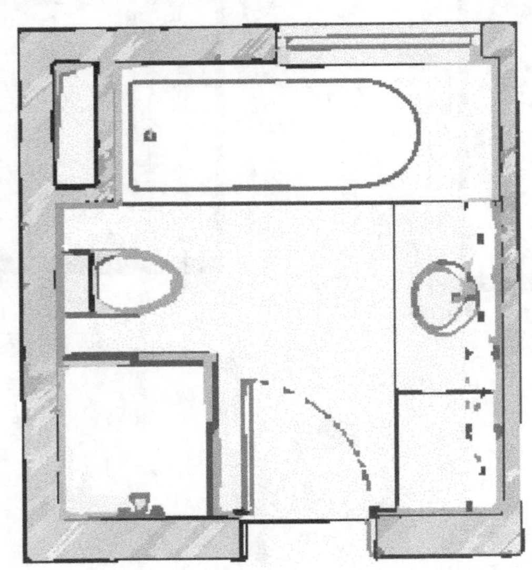

图片来自《居住空间设计》（朱达黄）

图2-110　卫生间一：四件组合

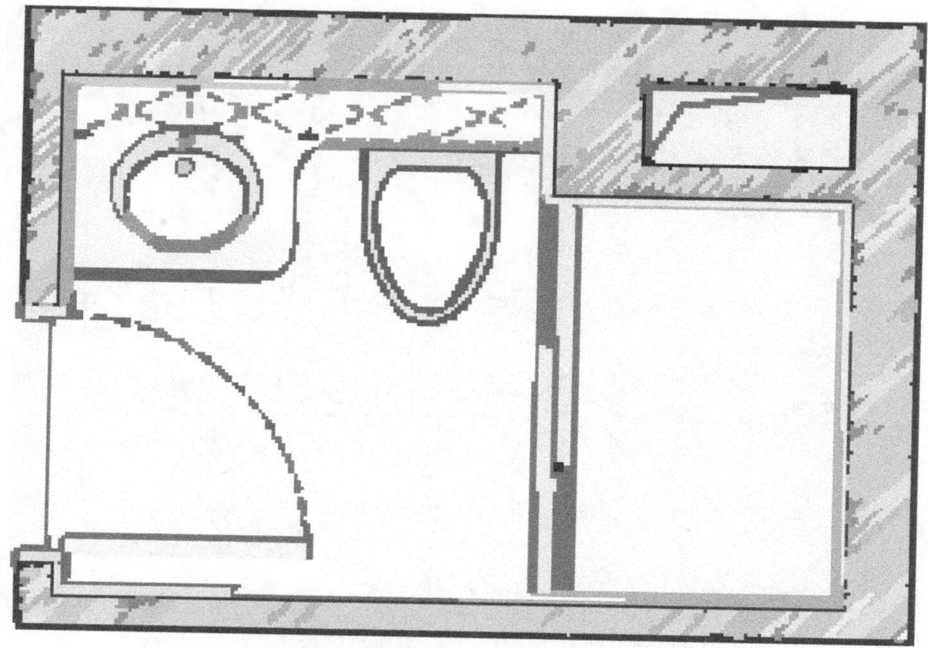

图片来自《居住空间设计》（朱达黄）

图2-111　卫生间二：一字组合

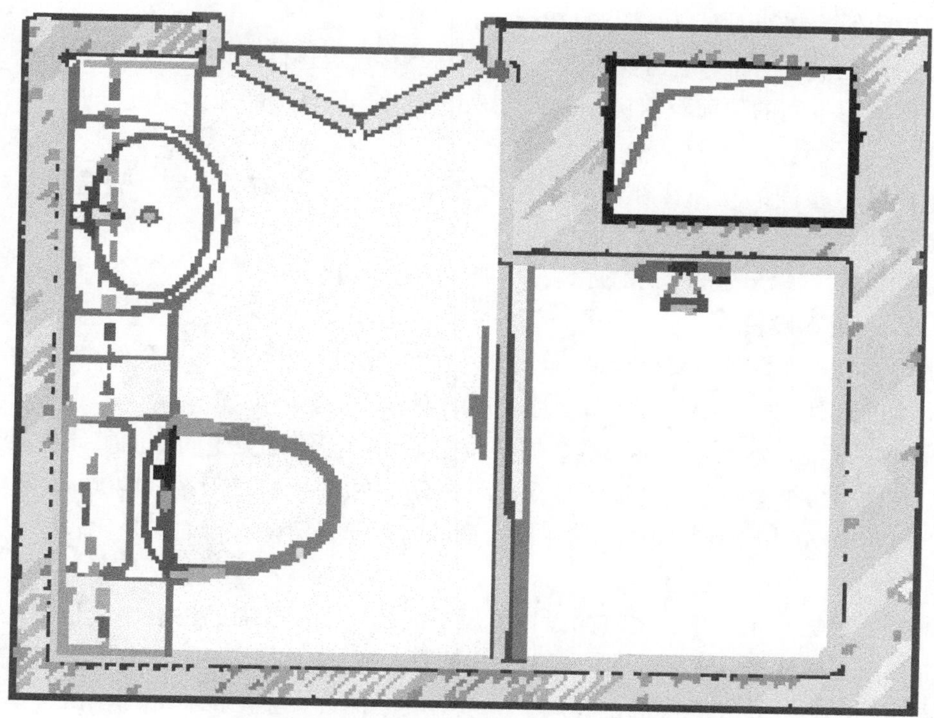

图片来自《居住空间设计》（朱达黄）

图2-112　卫生间三：左右分离式

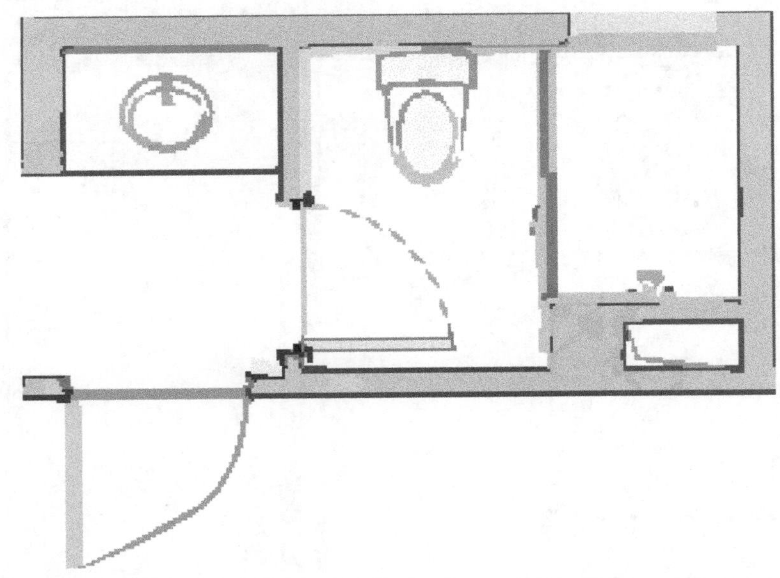

图片来自《居住空间设计》（朱达黄）

图2-113　卫生间四：干湿分离式

2. 装饰要点

卫生间的装饰如图2-114~图2-118所示。

地面：卫生间地面一般需要防水、易清洁的瓷砖、石材等，要注意防滑。

顶面：卫生间的顶面跟厨房一样，主要用防水、易清洗的金属扣板，也可以用防水的涂料。

立面：卫生间的立面往往使用多元化组合，主要材料有马赛克、瓷砖、石材、玻璃、金属等。

灯光：便于清洁的嵌入式的灯具，功能性的镜前灯。

（二）基本设备

卫生间的基本设备主要有管道、马桶、台盆、浴缸、淋浴房和五金件。

卫生间的管道井是必须有的，普通公寓的管道井不能移位。

马桶的位置基本上是不能动的，要移位的话一般需要把卫生间地面整体抬高，同时后续会带来很多维修问题。马桶还要看排污管的坑距，一般有300 mm和400 mm两种。

台盆一般分为台上盆和台下盆，做台面的时候要分清楚，台面要是比较窄，还可以做半抛盆。

浴缸一般放在主卫里，浴缸的设计要看空间的大小，普通的浴缸一般是长方形，按摩浴缸或者有些其他浴缸的形状不规则，这就要看现场的状况安排。

淋浴房的设计也要看空间的布局，一般有转角的和一字形的，相对浴缸、淋浴房更加实用。

五金件也是卫生间的标配，主要有浴巾架、卷筒纸架、毛巾架等，具体位置要根据洁具的位置而定。

图片来自CENTRAL PARK APARTMENT

图2-114　石材和玻璃是卫生间的常见装饰材料

图片自摄于重庆保利山庄

图2-115　台上盆结合白色台面，卫生间显得整洁舒适

图片来自Dabito（美国）

图2-116　卫生间的细节，更能体现生活的质量

图片来自homeadore/ instagram

图2-117　空间如果够大，也可以把卫生间变成阳光房

图片来自BEDROOM IN THE HOSTEL

图2-118 小空间卫生间也能做出品质感

（三）操作案例

卫生间可以简单、实用，也可以丰富有趣，西班牙设计师Nuria Alia，用彩色马赛克铺贴地面，见图2-119，搭配同色系墙面。她试图让浴室变成一个温暖、亲密、舒适、有趣的地方。每天早上唤醒自己的感官。睡觉之前最后一个地方，除了放松，还会启发、鼓励和帮助自己激活思维。

图片来自 Nuria Alia（西班牙） https://www.instagram.com/nuria_alia/

图2-119 丰富有趣的卫浴空间

除了采用砖、石材，还可以用防水漆对卫生间墙面进行装饰，前卫时尚，如图2-120所示。

图片来自Sophie Dassisi https://www.instagram.com/sophie_dassisi_interiors

图2-120　防水漆及室内陈设品，打破常规卫生间设计模式

提花墙布、纯铜五金间，异形的镜面玻璃，透露着复古与奢华，如图2-121、图2-122所示。

以下为同一户型的不同楼层的卫生间施工图，如图2-123~图2-128所示，仅供参考。

图片来自 housebeautiful

图2-121　复古、奢华的卫浴设备

图片来自Neal Beckstedt https://www.instagram.com/nealbeckstedt

图2-122　异形浴缸，彰显设计感和品质感

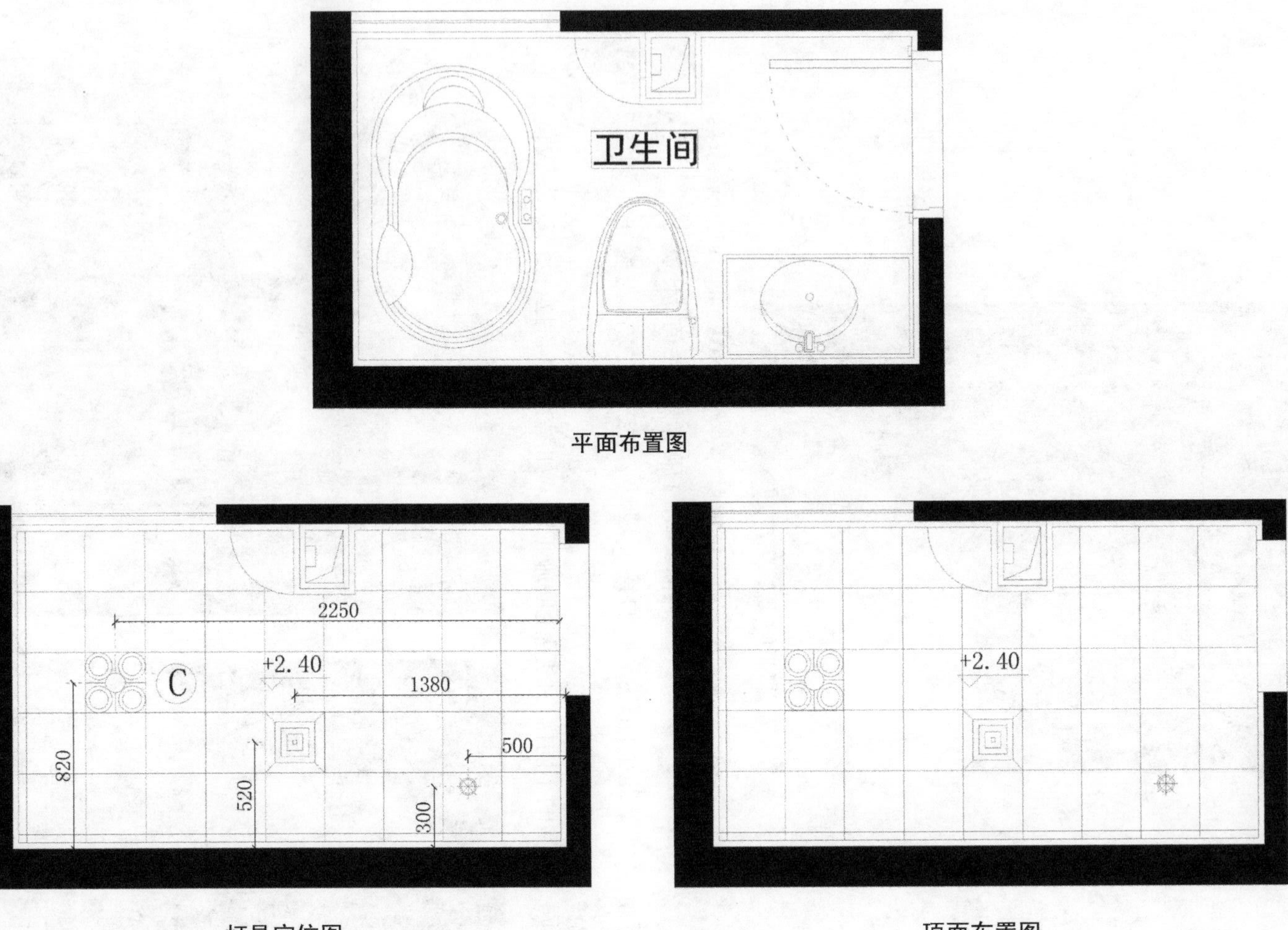

图片来自《居住空间设计》（朱达黄）

图2-123　一层卫生间平面图，天花和灯具开关平面图

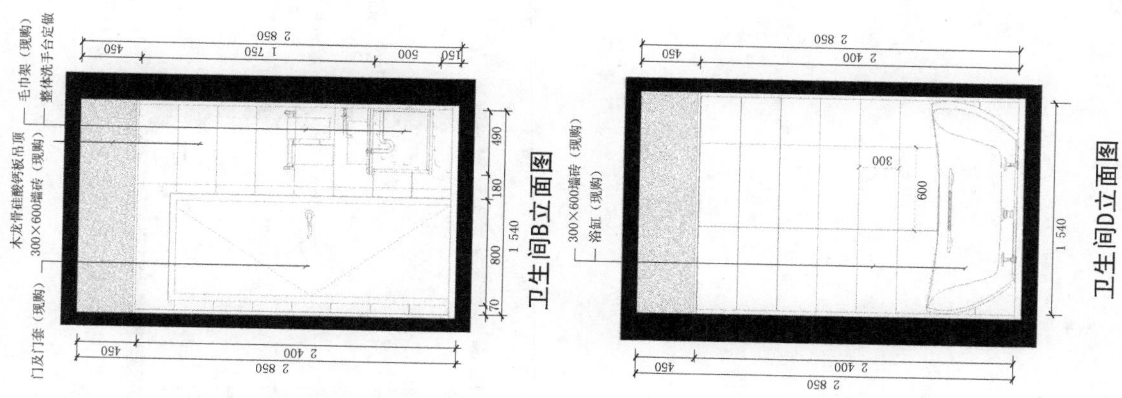

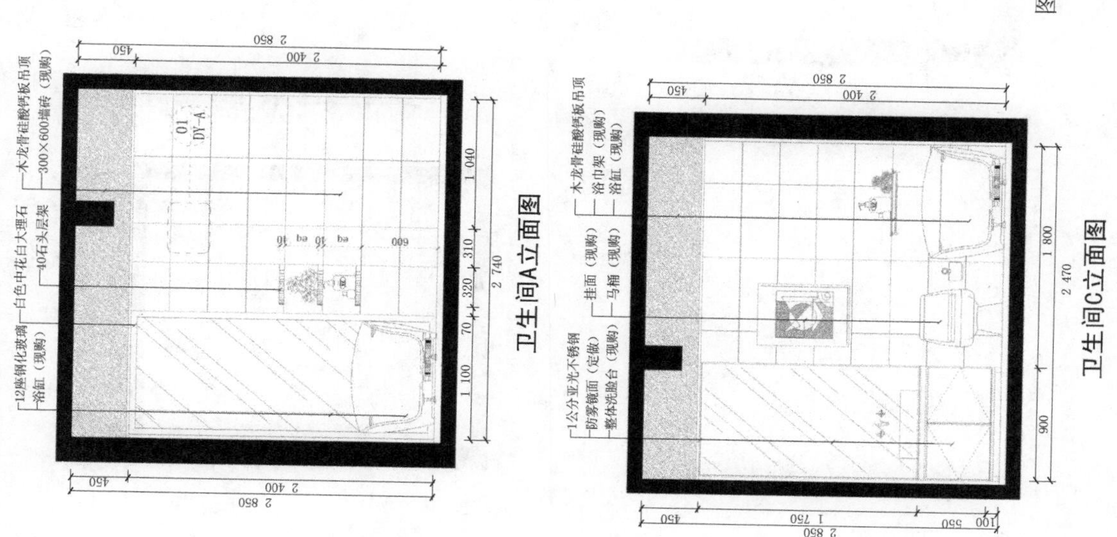

图片来自《居住空间设计》（朱达黄）

图2-124　一层卫生间立面图

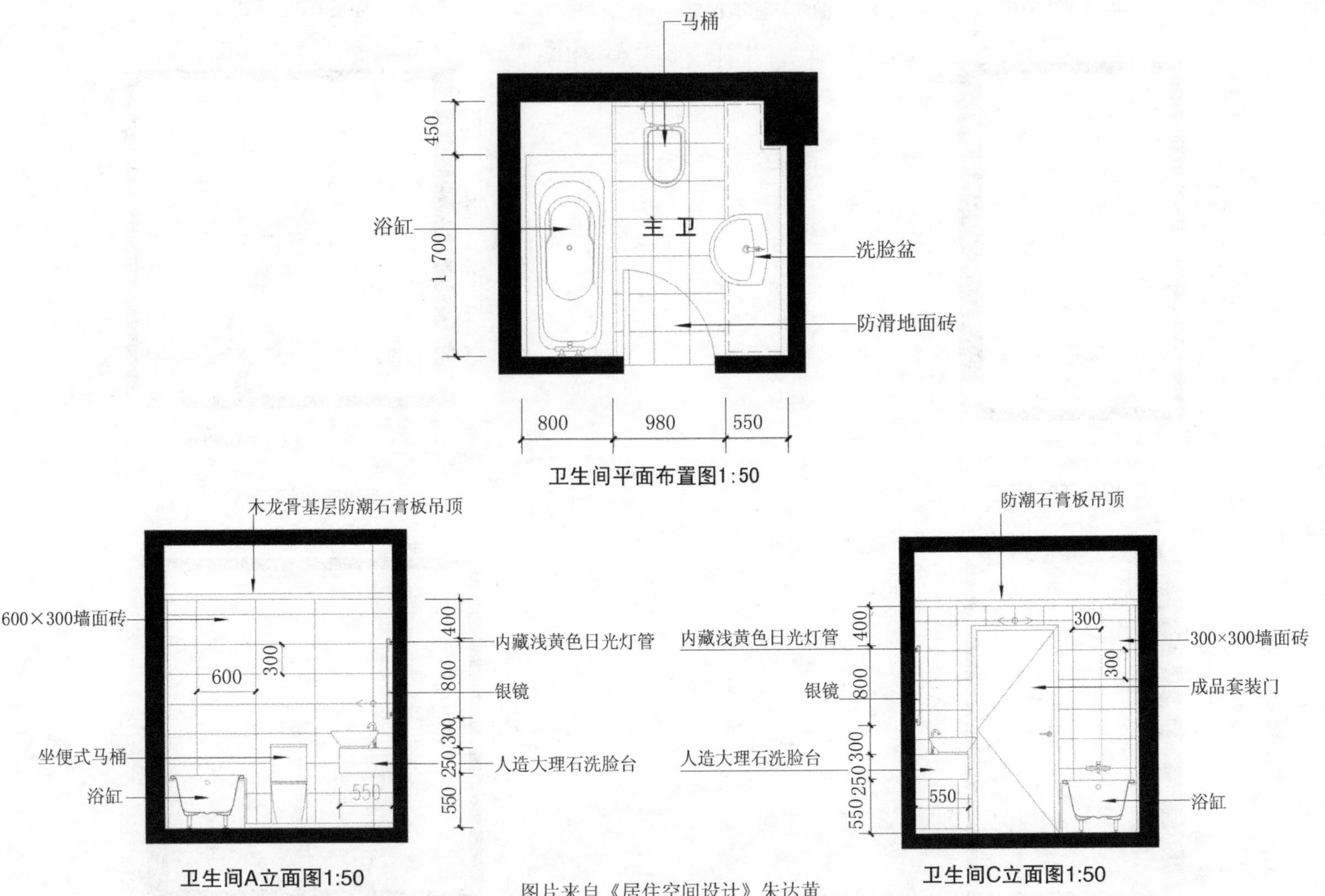

图片来自《居住空间设计》朱达黄

图2-125　二层卫生间平面布置图，铺地，天花和灯具开关平面图

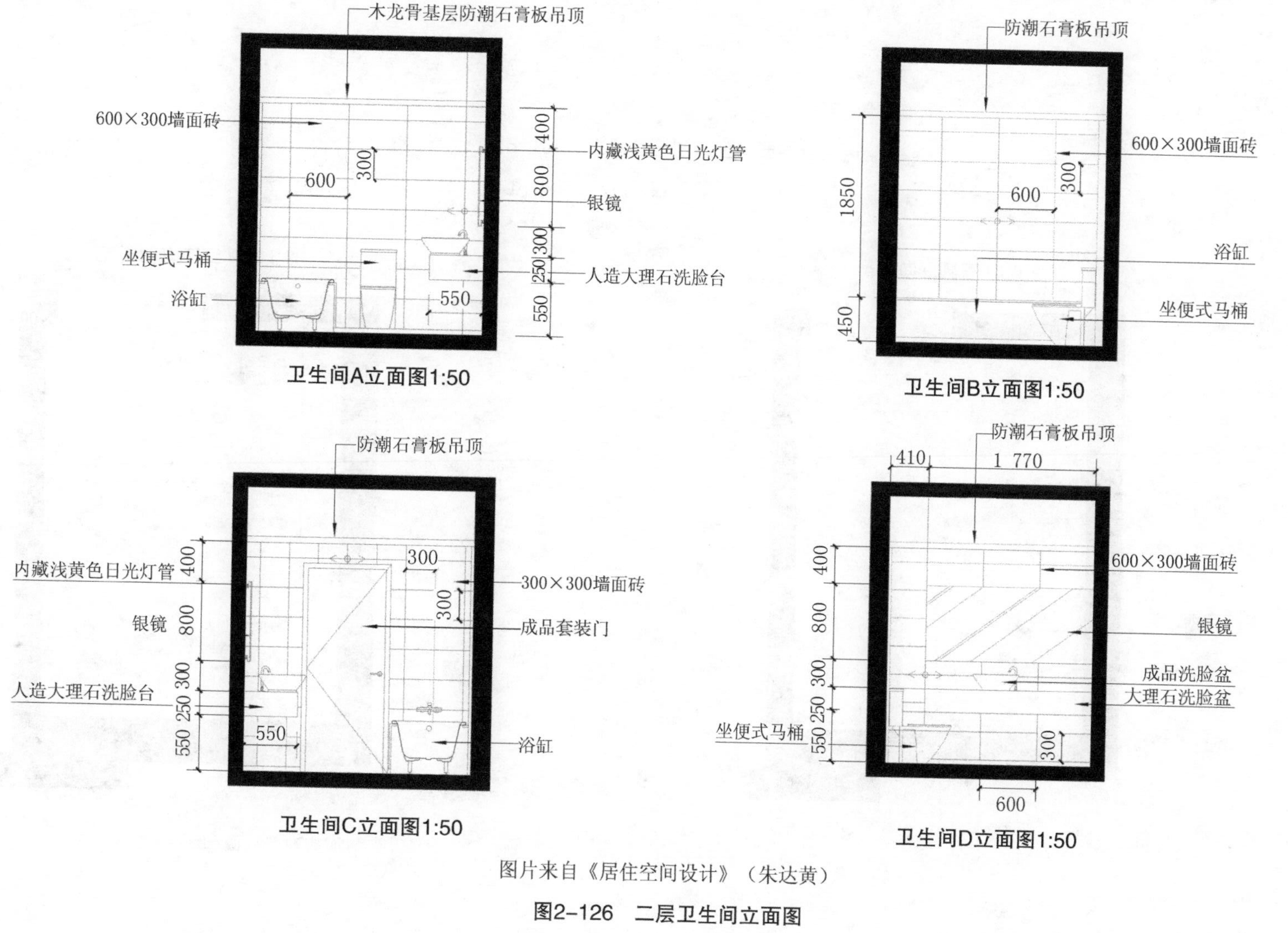

图片来自《居住空间设计》（朱达黄）

图2-126　二层卫生间立面图

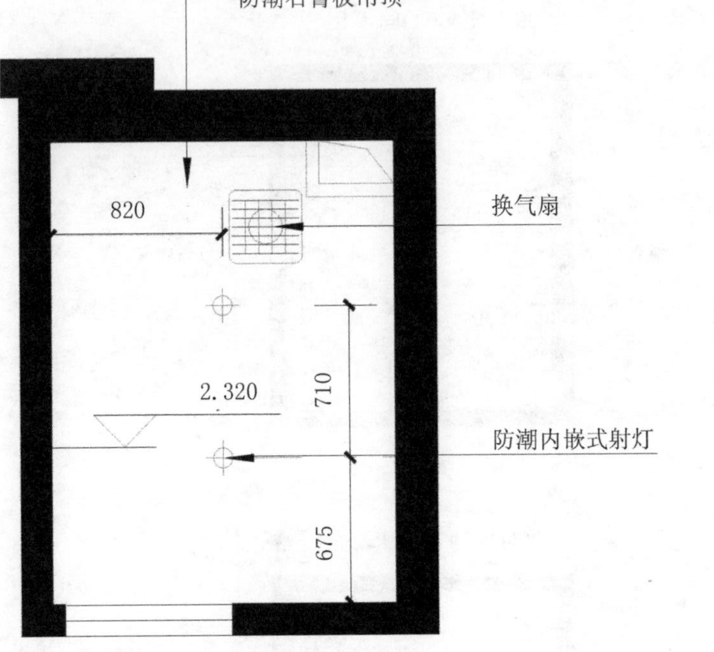

卫生间顶面布置图1:50

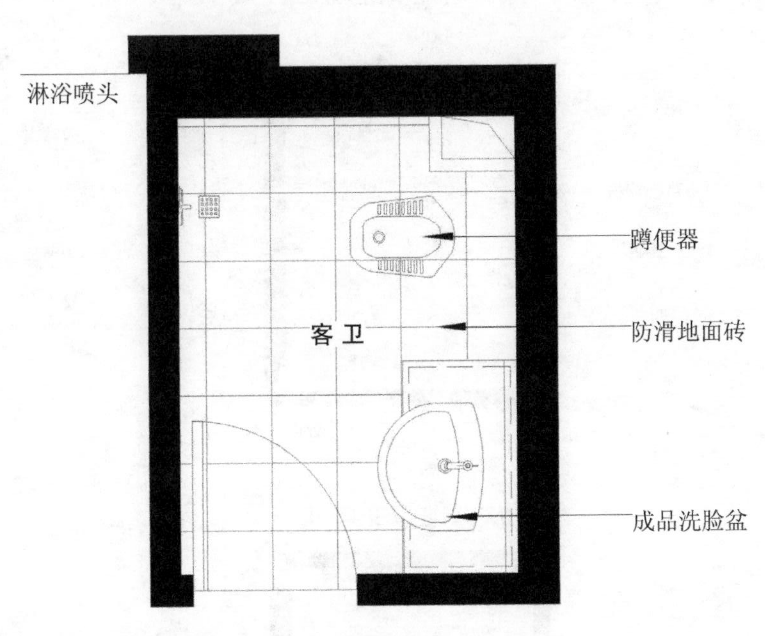

平面布置图1:50

图片来自《居住空间设计》（朱达黄）

图2-127　三层卫生间平面，铺地平面图

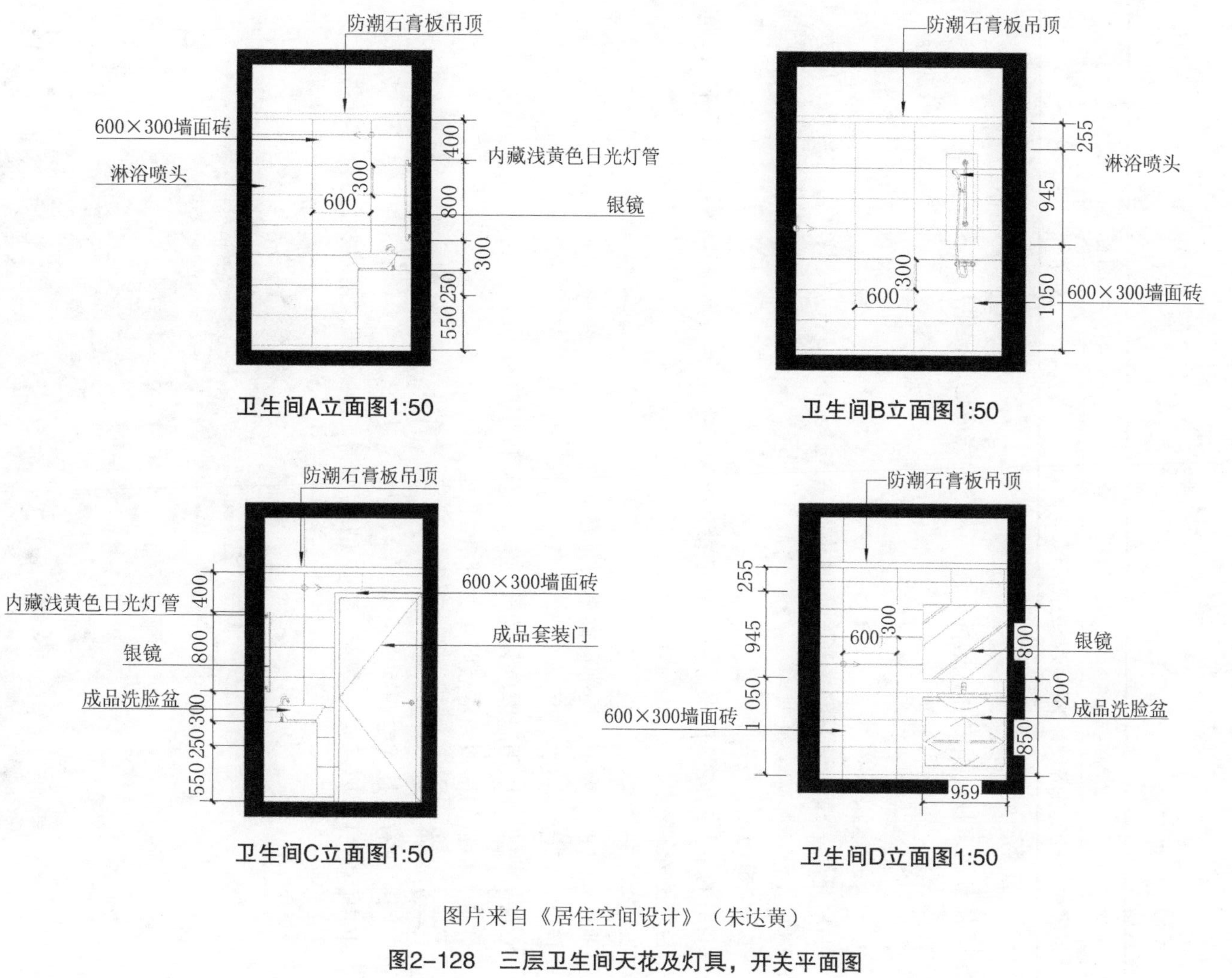

图片来自《居住空间设计》（朱达黄）

图2-128　三层卫生间天花及灯具，开关平面图

任务十二　书房的设计

一、学习目标

内容	目标
居住空间中书房设计的手段与方法	掌握

二、任务分析

该任务属于技能型内容，这部分内容为学生完成任务提供步骤和方法。

三、相关知识

（一）基本知识

书房是主人读书学习的场所，同时也是主人爱好的体现以及偶尔会见客人的地方。设计时需要营造品味、氛围。

1. 使用功能

书房的主要功能是读书学习，首先要有书架、书桌等家具摆放，一般情况下书房的设计与卧室差别不大。

2. 装饰要点

地面：以地板为主，局部可能铺设地毯。

顶面：可做一些造型顶。

立面：墙面可以用温馨色彩的乳胶漆，也可以用墙布。

灯具：精致的吊顶和重点照明射灯搭配。

（二）基本设备

房间一般有壁挂式空调（中央空调除外）。

书房的家具主要是有书桌椅、书橱（博古架）、沙发等，见图2-129~图2-133。

图片来自 elledecor

图2-129　白色直线型书架，摆满图书，就能营造出一个丰富的书房空间

图2-130 定做的书架，取消背板漏出墙面颜色，空间更为整体

图片来自巴黎时装设计师 Andrew Gn （鄞昌涛）

图2-131 书架做满所有墙面，兼具储存和展示功能

图片来自Albany set

图2-132　精美的书架彰显细节和品质

图2-133　轻松活泼的阅读区

（三）操作案例

利用靠近中庭的楼梯间的一个空间，做了一个小型开敞式的书房，也可以作为活动室，交流很方便，色彩通过红白对比，简洁大方，如图2-134所示。

图片自摄于重庆保利山庄

图2-134 重庆保利山庄利用负二楼空间打造出的阅读区

任务十三 设计综合训练

一、学习目标

内容	目标
一套完整的居住空间设计	掌握

二、任务分析

该任务属于技能型内容，这部分内容为学生完成任务提供步骤和方法。

三、任务内容

（一）活动一：构思设计

结合前期的准备工作，为客户设想一个设计切入点，大概的设计想法在思维中已经形成。

（二）活动二：草图概念

把设计构思变为设计效果的第一步，是把设计想法记录在纸上，把设计分区、设计风格、家具摆放等进行统一构思推敲。草图设计过程属于辅助设计和思考的过程。

（三）活动三：概念拓展

在草图的基础上，更加细致地推敲设计方案，拓展原有的想法，更加成熟地考虑方案，并拓展到风格、材料和构造的细节。

（四）活动四：一稿交流

通过推敲形成初步方案，在这个阶段需要与甲方进行沟通，训练表达能力，把设计意图和构思完整地向甲方进行表达与陈述，并得到反馈意见，由此展开下一步的工作。所以说，这一步很重要，是否能够得到客户的认可就在初步方案的交流上。

（五）活动五：二稿交流

在一稿交流的基础上，进一步完善设计方案，再次跟甲方进行沟通，并得到客户的认可，为最终定稿做准备。

（六）活动六：定稿

完成平面设计方案，并绘制相关设计图纸，在此基础上不做大的修改，基本确定空间的设计。

四、作业与训练

掌握不同空间的特点和尺度，为项目布置平面。

五、思考与拓展

真正的设计师在规划平面的时候，其他多方面的设计就已经胸有成竹了，所以说平面的规划必须在一个综合知识的架构下进行。在本项目课程的拓展阶段，由成员派出主讲，向任课老师表述设计意图和设计方案，其他同学补充，老师针对存在的问题进行讲解和总结，问题普遍的还要在全体同学面前强调，通过这轮交流，把前期的理论与实际的项目结合起来。同时，同学之间通过相互交流的形式，能够提高同学的设计表达能力，每个同学的想法都不一样，取长补短是很好的提高手段。最后，通过专业老师和行业专家的点评和指导，拓展多个方向的知识来源，突破单一知识结构。

项目三　室内设计的风格

一、学习目标

内容	目标
确定居住空间的设计风格	熟悉

二、任务分析

该任务属于概念性内容，多查阅图片和文字及视频资料便于记忆。

三、相关知识

室内设计风格的形成是不同时代和地域特点通过现实生活中的艺术创作和表现，逐渐发展成为具有代表性的室内设计形式。根据不同的区域和时间可以把室内设计的风格归纳为传统风格和当代风格两大类。图3-1能系统地展示不同风格的关系。完整地理解和应用各种室内设计风格，对于一个设计师来说非常重要。

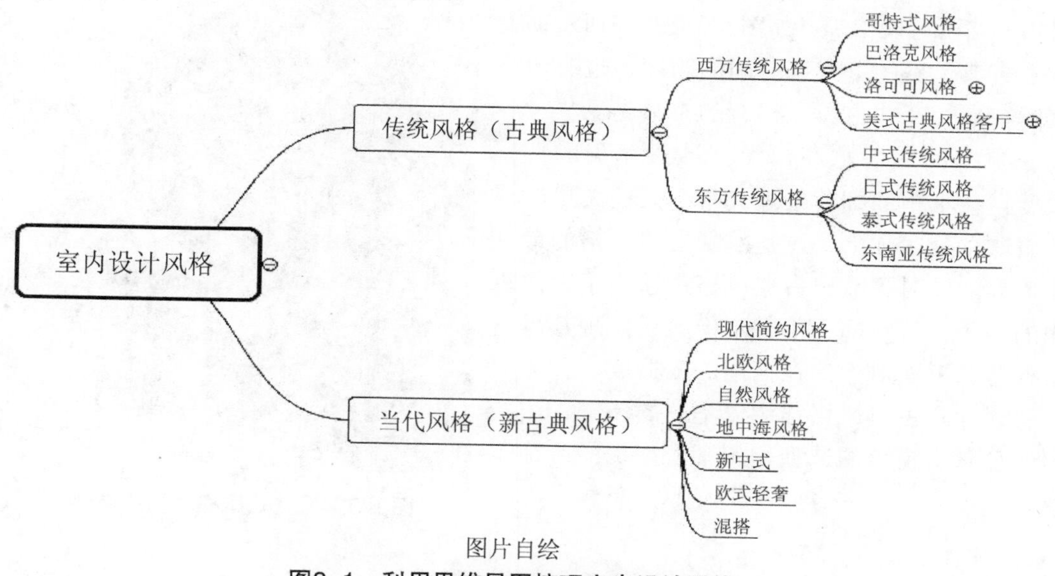

图片自绘

图3-1　利用思维导图梳理室内设计风格

我们研究设计风格应从建筑开始，研究建筑结构，装饰元素。多研究各种不同的风格，最终形成一套完整的体系，如图3-1所示。

(一)传统风格

传统风格又叫古典风格，古典风格常给人以历史延续和地域文脉的感受，它使室内环境突出了民族文化渊源的形象特征。任何设计都是社会整体的一部分，都离不开地域风土、民风民俗、审美情趣的直接影响，传统风格主要分为西方传统风格（见图3-2）和东方传统风格两大类。

图3-2　欧洲建筑体现出传统风格精髓

1. 西方传统风格（欧式古典风格）

欧式古典风格包括哥特式风格、巴洛克风格、洛可可风格等，如图3-3~图3-7所示，欧式古典风格的形式有时间的跨度，也有地域的特点，欧式古典风格有的不只是豪华大气，更多的是惬意和浪漫。通过完美的典线、精益求精的细节处理，带给人们无尽的舒服触感，实际上和谐是欧式古典风格的最高境界。同时，欧式古典风格最适用于大面积的房子，若空间太小，不但无法展现其风格气势，反而对生活在期间的人造成一种压迫感，欧式古典风格强调以华丽的装饰、浓烈的色彩、精美的造型达到雍容华贵的装饰效果。

图3-3　哥特式风格之门厅空间

图3-4　巴洛克风格之玄关空间

图3-5　洛可可风格之客厅空间

图3-6　洛可可风格之儿童空间

图3-7　美式古典风格客厅

2．东方传统风格

1）中式传统风格

中式传统风格（见图3-8）的中国古典建筑的室内装饰设计艺术风格，气势如虹、壮丽华贵、高空间、大进深、雕梁画栋、金碧辉煌，造型讲究对称，色彩讲究对比，装饰材料以木材为主，图案龙、凤、龟、狮等，精雕细琢，瑰丽奇巧，中国风的构成主要体现在传统家具（多以明清家具为主），装饰品及黑、红为主的装饰色彩上。室内多采用对称式的布局方式，格调高雅，造型简朴优美，色彩浓重而成熟。中国传统室内陈设包括字画、匾幅、挂屏、盆景、瓷器、古玩、屏风、博古架等，追求一种修身养性的生活境界。

图3-8　北京故宫中式风格色彩浓重、格调高雅

2）日式传统风格

传统的日式家居（见图3-9）将自然界的材质大量运用于居室的装修、装饰中，不推崇豪华奢侈、金碧辉煌，以淡雅节制、深邃禅意为境界，重视实际功能。日式风格特别

图3-9　传统日式建筑风格质朴、简约，富有禅意

能与大自然融为一体，借用外在自然景色，为室内带来无限生机，选用材料上也特别注重自然质感，以便与大自然亲切交流，其乐融融。

3）泰式传统风格

泰式装修风格（见图3-10、图3-11），很多都运用了浓烈的色彩，因为他们属于亚热带地区，盛产的水果广销很多国家及地区，对于色彩的取择，鲜艳的色彩是泰式装修风格的一贯作风，是和水果色彩很相近的。体现了主人性格的豪放与热情。

图3-10　传统泰国建筑风格精美华丽

（a）曼谷四面佛

（b）门套设计

图3-11　将传统泰国建筑风格延续到室内

4）东南亚传统风格

东南亚传统风格是一种结合了东南亚民族岛屿特色及精致文化品位的家居设计方式，多适宜喜欢静谧与雅致、奔放与脱俗的装修业主。这是一个北京新兴的居住与休闲相结合的概念，见图3-12。

图3-12　东南亚风格华丽而神秘

东南亚传统风格广泛地运用木材和其他的天然原材料，如藤条、竹子、石材、青铜和黄铜，深木色的家具，局部采用一些金色的壁纸、丝绸质感的布料，灯光的变化体现了稳重及豪华感。

以上描述了常见的传统风格，这些风格通常出现在宫廷、王室、贵族和中产阶级。当代社会，大量家居风格通常是在古典风格基础上，在当前时代背景下的变化和更新，把这种在传统基础上演变出的风格统称为新古典风格。作为当今居住空间设计的主流风格之一，新古典风格不是纯粹的元素堆砌，而是通过对传统文化的认识，将现代元素和传统元素结合在一起，以现代人的审美需求来打造富有传统韵味的事物，让传统艺术的脉络传承下去。

（二）当代风格（新古典风格）

1. 现代简约风格

现代简约风格是比较流行的一种风格，追求时尚与潮流，非常注重居室空间的布局与使用功能的完美结合。简约主义源于20世纪初期的西方现代主义。西方现代主义源于包豪斯学派，包豪斯学派始创于1919年德国魏玛，创始人是瓦尔特·格罗佩斯（Walter Gropius），包豪斯学派提倡功能第一的原则。它提出适合流水线生产的家具造型，在建筑装饰上提倡简约，简约风格的特色是将设计的元素、色彩、照明、原材料简化到最少的程度，但对色彩、材料的质感要求很高。因此，简约的空间设计通常非常含蓄，往往能达到以少胜多、以简胜繁的效果，如图3-13~图3-16所示。

图片来自Laura Hammett/巴特西公园联排别墅

图3-13　现代简约风格之客厅空间

图片来自Laura Hammett/巴特西公园联排别墅

图3-14　现代简约风格之衣帽间，简洁大气

图片来自Laura Hammett/巴特西公园联排别墅

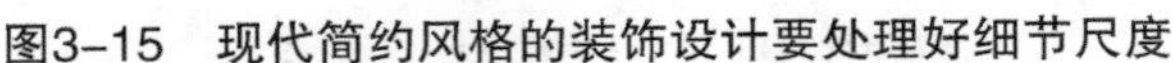

图3-15　现代简约风格的装饰设计要处理好细节尺度

图片来自Laura Hammett/巴特西公园联排别墅

图3-16　现代简约空间中嵌入式电视，陈设品增加室内空间的温暖感

2. 北欧风格

北欧风格是指欧洲北部国家挪威、丹麦、瑞典、芬兰及冰岛等国的艺术设计风格（主要指室内设计以及工业产品设计），具有简洁、自然、人性化的特点，见图3-17、图3-18。

北欧风格在使大众利益得到关注的同时，北欧设计没有缺失对小众的关怀。例如，消除残障人士在生活上的不便，为其设计便捷的人性设计，实现社会公平。它们都体现了北欧风格设计对人的周全关心。

图3-17 北欧风格之客厅

图3-18 北欧风格之卧室

3. 自然风格

人们无法每天徜徉在自然之中，我们渴望把自然融入到我们的家居环境中。因此，自然风格也就成为现代家居空间室内设计的一个重要风格特征，无论是什么年龄和阶层，自然风格总能最直接地引起人们的共鸣。自然风格常运用天然的木、石、藤、竹等材质质朴的纹理，在室内环境中力求表现悠闲、舒畅、自然的田园生活情趣，见图3-19、图3-20。不仅仅是以植物摆放来体现自然的元素，而是从空间本身、界面的设计乃至风格意境里所流淌的最原始的自然气息来阐释风格的特质。

图片来自Atelier Pacchioni

图3-19　自然风格之阅读区，将大型植物放进室内，营造自然感

图片来自Atelier Pacchioni

图3-20　自然风格之客厅，沙发颜色与绿植相得益彰

4．地中海风格

地中海风格的建筑特色是拱门与半拱门，马蹄状的门窗。建筑中的圆形拱门及回廊通常采用数个连接或以垂直交接的方式，在走动观赏中，出现延伸般的透视感。家中墙面处（只要不是承重墙），均可运用半穿凿或者全穿凿的方式来塑造室内的景中窗。地中海风格的色彩很丰富，并且由于光照足，所有颜色的饱和度也很高，体现出色彩最绚烂的一面，如图3-21所示。

图3-21　地中海风格建筑

5．新中式风格

新中式风格主要包括两方面的基本内容：一是中国传统风格文化意义在当前时代背景下的演绎；二是对中国当代文化充分理解基础上的当代设计。新中式风格不是纯粹的传统元素堆砌，而是通过对传统文化的认识，将现代元素和传统元素结合在一起，以现代人的审美需求来打造富有传统韵味的事物，让传统艺术在当今社会得到合适的体现，如图3-22所示。

图片自摄于重庆恒大华府

图3-22　新中式风格之茶室

6. 混搭

随着时代的发展，越来越多的设计师不拘泥于某种单一设计风格，把多种风格混合到一起，体现出独特韵味，如图3-23所示。

图片自摄于重庆棕榈泉

图3-23　中式茶桌混搭欧式整体边柜，空间色调和谐

四、任务内容

（一）活动一：确定设计风格

根据客户要求、使用功能、房屋结构确定设计风格。这个过程需要反复沟通和画草图，客户爱好是影响风格确定的重要因素，但建筑空间特点的把握与设计风格也是紧密联系的。

（二）活动二：设计风格的具体实施

设计风格的具体实施应该在平面布置的时候就已经考虑了，不同设计风格的手法也不一样，需要我们预留一些位置进行创作构思和表现。这里需要注意的是，虽然风格表现于形式，但风格具有艺术、文化、社会发展等深刻的内涵，从这一深层含义来说，风格又不停留或等同于形式。

五、作业与训练

把各种风格的特点提炼出来，建立系统的风格对比分析表。

六、思考与拓展

通过给设计方案、设计风格，系统化设计风格和流派的基本理论，注意风格与工艺的结合。

参考文献

[1] 朱达黄. 居住空间设计[M]. 4版. 上海：人民美术出版社，2013.

[2] 日本色彩研究所. 配色岁时记[M]. 上海：人民美术出版社，2012.

[3] 艾莉斯芭珂丽. 室内设计师专用协调色搭配手册[M]. 7版. 上海：人民美术出版社，2006.